Werner Wirth

Leitfaden

durch die Mathematik an der Hauptschule
und allen entsprechenden Schularten

- Grundwissen
- Formeln
- Rechenregeln
- Merksätze
- Musteraufgaben

Meinem Großvater Hans Frisch
in Verehrung und Dankbarkeit
gewidmet.

Konzeption: Werner Wirth, Seminarrektor a. D.
Autor: Werner Wirth

1. Auflage 2005
Baumann Didaktische Medien GmbH & Co. KG
E.-C.-Baumann-Straße 5
95326 Kulmbach
Druck: Creo Druck & Medienservice GmbH, Bamberg

Vorwort

Liebe Schülerin, lieber Schüler,

dieses Buch soll dich als ein „Leitfaden" durch den Mathematikunterricht von der 5. bis zur 10. Klasse begleiten.

Du findest darin alle wichtigen Begriffe, Regeln, Formeln und Merksätze. Entscheidend ist nicht die Kenntnis einer Formel (die kann man in jeder Formelsammlung nachschauen), sondern ihre richtige Anwendung beim Lösen einer Aufgabe.

Deshalb sind Musteraufgaben und Anwendungsbeispiele zu fast allen Lerninhalten vorgerechnet. Sie dienen der Veranschaulichung und sind ohne Schwierigkeiten auf weitere ähnliche Aufgabentypen übertragbar.

Eine Markierung am äußeren Seitenrand kennzeichnet diese Musteraufgaben deutlich.

Das Buch erfüllt also mehrere Aufgaben: Es ist gleichzeitig

– Formelsammlung

– Aufgabensammlung

– Nachschlagewerk

– Lernhilfe

– Ideale Ergänzung zum Mathematikunterricht

– Unterstützung bei der Hausaufgabenanfertigung

Wenn du nach einem bestimmten Begriff suchst, so führt dich das Stichwortverzeichnis (auf den letzten Seiten des Buches) auf die richtige Seite, wo du alle nötigen Informationen findest.

Verlag und Autor wünschen dir viel Spaß beim Rechnen und viel Erfolg bei allen bevorstehenden Prüfungen.

Der Herausgeber
Werner Wirth

Inhaltsverzeichnis

Vorwort 3
Mathematische Zeichen und ihre Bedeutung 6
Mengenoperationen 7
Die Zahlenmengen 8
Die Menge der natürlichen Zahlen $\mathbb{N}$ 10
Die Menge der ganzen Zahlen $\mathbb{Z}$ 12
Rechenregeln und Rechengesetze 14
Teilbarkeitsregeln 19
Das kleinste gemeinsame Vielfache (kgV) 20
Der größte gemeinsame Teiler (ggT) 21
Die Menge der rationalen Zahlen $\mathbb{Q}$ (Bruchzahlen und Dezimalzahlen) . . . 22
Potenzen 29
Wurzeln 34
Hinweise zum Lösen von Sachaufgaben 36
Rechnen mit Größen 38
Der Maßstab 44
Lineare Gleichungen 46
Lineare Ungleichungen 47
Bruchgleichungen 48
Prozentrechnung 49
Promillerechnung 52
Zinsrechnung 53
Wachstums- und Zerfallsprozesse 55
Darstellung mit Hilfe von Diagrammen 56
Zuordnungen 58
Zusammengesetzte (mehrfache) Schlussrechnung 61
Mischungsrechnen 62
Geometrische Begriffe und Bezeichnungen 64
Winkel 66
Grundkonstruktionen 70

Das Achsenkreuz (Koordinatensystem) 72
Kongruenzabbildungen 74
Symmetrische Figuren 76
Bezeichnungen am Dreieck und Viereck 78
Besondere Dreiecke 79
Dreieckskonstruktionen 80
Besondere Linien im Dreieck 81
Berechnungen am Dreieck 83
Viereckskonstruktionen 85
Das „Haus" der Vierecke 86
Berechnungen am Viereck 87
Berechnungen an regelmäßigen Vielecken 89
Berechnungen an Körpern 91
Schrägbilder 97
Berechnungen am Kreis 98
Winkelbeziehungen am Kreis 100
Kreis und Gerade 102
Tangentenkonstruktionen 103
Zentrische Streckung und Ähnlichkeit 105
Der Strahlensatz (Vierstreckensatz) 108
Flächensätze am rechtwinkligen Dreieck 110
Berechnungen im Koordinatensystem 112
Die lineare Funktion 113
Lineare Gleichungssysteme mit zwei Variablen 118
Lineare Ungleichungen und Ungleichungssysteme 121
Die quadratische Funktion 122
Quadratische Gleichungen 126
Statistische Kennwerte 129
Häufigkeit 130
Wahrscheinlichkeitsrechnung 131
Gradmaß und Bogenmaß 134
Trigonometrie 135
Stichwortverzeichnis 142

Mathematische Zeichen und ihre Bedeutung

Zeichen	Bedeutung	Beispiel
=	gleich, ist gleich	$12 = 4 \cdot 3$
≈	ungefähr gleich	$5{,}03 \approx 5$
<	kleiner (als)	$6 < 9$
≤	kleiner oder gleich	$x \leq 5 \rightarrow \mathbb{L} = \{1; 2; 3; 4; 5\}$
>	größer (als)	$11 > 7$
≥	größer oder gleich	$x \geq 8 \rightarrow \mathbb{L} = \{8; 9; ...\}$
{ }	Mengenklammer	Menge mit den Elementen 2 und 6: $M = \{2; 6\}$
∈	ist Element von, gehört zu ...	$4 \in \{4; 6; 8; 10\}$
∉	ist kein Element von, gehört nicht zu ...	$5 \notin \{4; 6; 8; 10\}$
∧	und zugleich	$x > 10 \land x < 12 \rightarrow x = 11$
∨	oder auch	$x < 3 \lor x > 6 \rightarrow \{1; 2; 7; 8; ...\}\; \mathbb{G} = \mathbb{N}$
⊂	Teilmenge von	$\{2; 3\} \subset \{1; 2; 3; 4\}$
⊄	keine Teilmenge von	$\{1; 4; 5\} \not\subset \{1; 3; 5; 6\}$
≙	entspricht	$100\,\% \mathrel{\hat{=}} 52\,€$
|...|	Betragstriche	$\|x\| < 3 \rightarrow \mathbb{L}_2 = \{-2; -1; 0; 1; 2\}\; \mathbb{G} = \mathbb{Z}$
∩	geschnitten (mit)	$A = \{1; 4; 5\}\quad B = \{2; 4; 6\}$ $A \cap B = \{4\}$
∪	vereinigt (mit)	$A \cup B = \{1; 2; 4; 5; 6\}$
\	ohne, vermindert um	$A \setminus B = \{1; 5\}$
{ }	leere Menge	$M_1 = \{2; 4\}\quad M_2 = \{1; 3\}$
∅	leere Menge	$M_1 \cap M_2 = \{\ \}$ bzw. $M_1 \cap M_2 = \emptyset$
$\{x\|...\}$	Menge aller x, – für die gilt – mit der Eigenschaft	$\{x\|x > 4\}_\mathbb{N} \rightarrow \{5; 6; 7; ...\}$

Mengenoperationen

$M_1 = \{2; 4; 7; 10\}$; 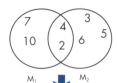 $M_2 = \{2; 3; 4; 5; 6\}$

Definition

Schnittmenge $M_1 \cap M_2$:
(in ihr liegen alle Elemente, die zu M_1 **und zugleich** zu M_2 gehören)

Vereinigungsmenge $M_1 \cup M_2$: (in ihr liegen alle Elemente, die zu M_1, **oder auch** zu M_2 gehören)

Differenzmenge $M_1 \setminus M_2$:
(in ihr liegen alle Elemente, die zu M_1 **aber nicht** zu M_2 gehören)

Differenzmenge $M_2 \setminus M_1$:
(in ihr liegen alle Elemente, die zu M_2 **aber nicht** zu M_1 gehören)

Beispiel

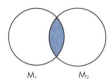
$M_1 \cap M_2 = \{2; 4\}$

$M_1 \cup M_2 = \{2; 3; 4; 5; 6; 7; 10\}$

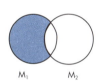
$M_1 \setminus M_2 = \{7; 10\}$

$M_2 \setminus M_1 = \{3; 5; 6\}$

Die **leere Menge** ($\{\ \}$ oder $\emptyset$) besitzt überhaupt keine Elemente. Sie ist Teilmenge jeder Menge

Beispiele:

1. $A = \{2; 3; 8; 10; 12\}$; $B = \{1; 2; 4; 5; 10; 15\}$
   Bilde $A \cap B$, $A \cup B$, $A \setminus B$, $B \setminus A$
   $A \cap B = \{2; 10\}$
   $A \cup B = \{1; 2; 3; 4; 5; 8; 10; 12; 15\}$
   $A \setminus B = \{3; 8; 12\}$ $B \setminus A = \{1; 4; 5; 15\}$

2. $M_1 = \{2; 6; 10\}$; $M_2 = \{1; 3; 5\}$; $M_3 = \{\ \}$; $M_4 = \{2\}$
   Bilde $M_1 \cap M_3$, $M_3 \cup M_4$, $M_4 \setminus M_1$, $M_2 \setminus M_3$, $M_1 \cap M_2 \cap M_4$
   $M_1 \cap M_3 = \{\ \}$
   $M_1 \cup M_4 = \{2; 6; 10\}$
   $M_4 \setminus M_1 = \{\ \}$ $M_2 \setminus M_3 = \{1; 3; 5\}$
   $M_1 \cap M_2 \cap M_4 = \{\ \}$

Die Zahlenmengen

Aufbau der Zahlenmengen

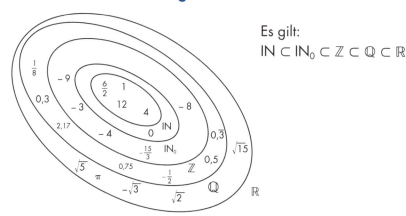

Es gilt:
$\mathbb{N} \subset \mathbb{N}_0 \subset \mathbb{Z} \subset \mathbb{Q} \subset \mathbb{R}$

Besondere Zahlenmengen

Besondere Mengen werden besonders gekennzeichnet:

$\mathbb{N} = \{1; 2; 3; \ldots\}$	Menge der natürlichen Zahlen
$\mathbb{N}_0 = \{0; 1; 2; 3; \ldots\}$	Menge der natürlichen Zahlen mit der Null
$\mathbb{T}_{12} = \{1; 2; 3; 4; 6; 12\}$	Menge der Teiler von 12
$\mathbb{V}_2 = \{2; 4; 6; \ldots\}$	Menge der Vielfachen von 2 (Menge der geraden Zahlen)
$\mathbb{V}_7 = \{7; 14; 21; \ldots\}$	Menge der Vielfachen von 7
$\mathbb{U} = \{1; 3; 5; \ldots\}$	Menge der ungeraden Zahlen
$\mathbb{P} = \{2; 3; 5; 7; 11; \ldots\}$	Menge der Primzahlen
$\mathbb{Z} = \{\ldots; -2; -1; 0; 1; 2; \ldots\}$	Menge der ganzen Zahlen
$\mathbb{Q}$	Menge der rationalen Zahlen
$\mathbb{R}$	Menge der reellen Zahlen

> Eine Zahl heißt Primzahl, wenn sie **genau zwei** Teiler hat.

Beispiele:

1. Bestimme $\mathbb{T}_{48}$
   $\mathbb{T}_{48} = \{1; 2; 3; 4; 6; 8; 12; 16; 24; 48\}$

 zur Kontrolle

Das Produkt der ersten und letzten Zahl (1·48), der zweiten und vorletzten Zahl (2·24) usw. muss stets den Wert 48 ergeben.

2. Bestimme $\mathbb{T}_{64}$
   $\mathbb{T}_{64} = \{1; 2; 4; 8; 16; 32; 64\}$

   $1 \cdot 64$
   $2 \cdot 32$
   $4 \cdot 16$
   $8 \cdot 8$

> Bleibt nach der Produktbildung der Zahlenpaare nur noch ein Element übrig, so muss man dieses mit sich selbst multiplizieren.

3. Bestimme $\mathbb{T}_{18} \cap \mathbb{T}_{24}$
   $\mathbb{T}_{18} = \{1; 2; 3; 6; 9; 18\}$ $\mathbb{T}_{24} = \{1; 2; 3; 4; 6; 8; 12; 24\}$
   $\mathbb{T}_{18} \cap \mathbb{T}_{24} = \{1; 2; 3; 6\}$

Primzahlen bis 1000

2	101	211	307	401	503	601	701	809	907
3	103	223	311	409	509	607	709	811	911
5	107	227	313	419	521	613	719	821	919
7	109	229	317	421	523	617	727	823	929
11	113	233	331	431	541	619	733	827	937
13	127	239	337	433	547	631	739	829	941
17	131	241	347	439	557	641	743	839	947
19	137	251	349	443	563	643	751	853	953
23	139	257	353	449	569	647	757	857	967
29	149	263	359	457	571	653	761	859	971
31	151	269	367	461	577	659	769	863	977
37	157	271	373	463	587	661	773	877	983
41	163	277	379	467	593	673	787	881	991
43	167	281	383	479	599	677	797	883	997
47	173	283	389	487		683		887	
53	179	293	397	491		691			
59	181			499					
61	191								
67	193								
71	197								
73	199								
79									
83									
89									
97									

Die Menge der natürlichen Zahlen ℕ

Stellenwertschreibweise und Stufenzahlen

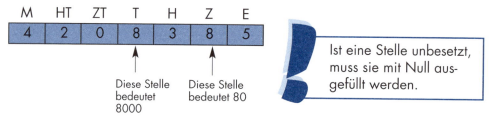

Ist eine Stelle unbesetzt, muss sie mit Null ausgefüllt werden.

Die Zahlen 1, 10, 100, 1000, ... nennt man **Stufenzahlen**.

Verschiedene Schreibweisen

Zahlwort: Zweiundfünfzigtausendzwölf
Ziffern: 52012
Stellenwertschreibweise: 5ZT 2T 1Z 2E
Stufenzahlschreibweise: $5 \cdot 10000 + 2 \cdot 1000 + 1 \cdot 10 + 2 \cdot 1$
Potenzschreibweise: $5 \cdot 10^4 + 2 \cdot 10^3 + 1 \cdot 10^1 + 2 \cdot 10^0$

Beispiele:

1. Schreibe 4M 34ZT 7E mit Ziffern
   3 HT 4ZT
   → 4340007

2. Schreibe in der Stellenwertschreibweise.
   2001307 → 2M 1T 3H 7E

Römische Zahlzeichen

| I = 1 V = 5 X = 10 L = 50 C = 100 D = 500 M = 1000 |

Beachte beim Schreiben folgende Regeln:
– Die Zeichen I, X, C, M dürfen höchstens dreimal hintereinander stehen.
– Die Zeichen V, L, D dürfen niemals zweimal hintereinander stehen.
– Stehen zwei gleiche Zeichen hintereinander, so wird addiert.
– Steht hinter dem Zeichen einer größeren Zahl das Zeichen einer kleineren Zahl, so wird addiert.
– Steht vor dem Zeichen einer größeren Zahl das Zeichen einer kleineren Zahl, so wird subtrahiert.
– Die Zeichen V, L, D dürfen niemals vorgestellt werden.
– Es darf höchstens ein Zeichen einer kleineren Zahl vor dem Zeichen einer größeren Zahl stehen.
– Vor zwei gleichen Zeichen einer größeren Zahl darf niemals ein Zeichen einer kleineren Zahl stehen.

Beispiele:

XLII = 42   CCCXXXI = 331
CMVII = 907   XMM darf nicht sein!
LC darf nicht sein!

Runden

> Bei den Ziffern 0, 1, 2, 3, 4 wird **abgerundet**.
> Bei den Ziffern 5, 6, 7, 8, 9 wird **aufgerundet**.

Beispiel: $\qquad 267\,643 \approx 268\,000$

Auf diese Stelle (T) soll gerundet werden — Diese Ziffer gibt an, ob auf- oder abgerundet wird.

Grundrechenarten und Terme

Termbezeichnung (Termart)	Beispiele	Bezeichnung der Termglieder		Wert des Terms (Ergebnis)
Summe	18 + 3	1. Summand	2. Summand	21
Differenz	12 − 4	Minuend	Subtrahend	8
Produkt	9 · 7	1. Faktor (Multiplikand)	2. Faktor (Multiplikator)	63
Quotient	64 : 4	Dividend	Divisor	16

Beispiel:
Bezeichne im Term die Termart und die Termglieder: (23 − 5) · 4 + 88 : 11

(23 − 5) · 4 → Produkt
23 − 5 → Differenz
23 → Minuend
5 → Subtrahend
(23 − 5) → 1. Faktor (Multiplikand)
4 → 2. Faktor (Multiplikator)
(23 − 5) · 4 + 88 : 11 → Summe
88 → Dividend
11 → Divisor

Die Menge der ganzen Zahlen ℤ

Zeichenvereinfachung

$+ (+ a) = + a$
$+ (- a) = - a$
$- (+ a) = - a$
$- (- a) = + a$

> Gleiche „Zeichen" ergeben Plus, verschiedene „Zeichen" ergeben Minus.

Beispiele:

$+ (+ 3) = + 3$
$+ (- 3) = - 3$

$- (+ 3) = - 3$
$- (- 3) = + 3$

Addition und Subtraktion

$a + (+ b) = a + b$
$a + (- b) = a - b$
$a - (+ b) = a - b$
$a - (- b) = a + b$

> - Zuerst aus Vorzeichen und Rechenzeichen das richtige Rechenzeichen bilden!
> - Dann nach Vorschrift lösen!

Beispiele:

$5 - (+ 2) = 5 - 2 = 3$
$- 1 + (- 4) = - 1 - 4 = - 5$
$8 - (- 6) = 8 + 6 = 14$

$15 + (- 8) = 15 - 8 = 7$
$- 3 - (+ 5) = - 3 - 5 = - 8$
$- 12 - (- 3) = - 12 + 3 = - 9$

Multiplikation und Division

$(+ a) \cdot (+ b) = + a \cdot b$
$(+ a) \cdot (- b) = - a \cdot b$
$(- a) \cdot (+ b) = - a \cdot b$
$(- a) \cdot (- b) = + a \cdot b$

> $+ \cdot + \Rightarrow +$ $- \cdot - \Rightarrow +$
> $+ \cdot - \Rightarrow -$ $- \cdot + \Rightarrow -$

> Die gleichen Regeln gelten bei der Division.

Beispiele:

$(+ 3) \cdot (+ 6) = + 18$
$(- 4) \cdot (+ 5) = - 20$

$(- 6) \cdot (- 2) = + 12$
$24 : (- 8) = - 3$

> Multipliziert man mehrere Zahlen miteinander, so wird das Ergebnis positiv, wenn die Anzahl der Minuszeichen eine gerade Zahl ist.
> Das Ergebnis wird netgativ, wenn die Anzahl der Minuszeichen eine ungerade Zahl ist.

Beispiele:

1. $\underbrace{3 \cdot (-2) \cdot (-3) \cdot (-1) \cdot 4 \cdot (-2)}_{\text{4 Minuszeichen}} = +144$

2. $\underbrace{-2 \cdot 3 \cdot 2 \cdot 4 \cdot (-2) \cdot 3 \cdot (-1)}_{\text{3 Minuszeichen}} = -288$

3. Die Regel gilt auch bei der Division
   $\underbrace{(-4) \cdot (-2) \cdot (-3) \cdot (+2) : (-6)}_{\text{4 Minuszeichen}} = +8$

Die besondere Bedeutung der Zahlen 0 und 1

$a + 0 = 0 + a = a$	Die Null ist das neutrale Element der Addition.
$a \cdot 1 = 1 \cdot a = a$	Die Eins ist das neutrale Element der Multiplikation.
$0 \cdot a = a \cdot 0 = 0$	Null multipliziert mit einer beliebigen Zahl hat stets den Wert Null.
$a \cdot b \cdot 0 \cdot c \cdot d = 0$	Ein Produkt hat den Wert Null, wenn **ein** Faktor des Produktes Null ist.
$0 : a = 0 \quad a \neq 0$	Null dividiert durch eine beliebige Zahl $\neq 0$ hat stets den Wert Null.
$a : 0$ ist nicht definiert.	Durch Null darf man **niemals** definieren.

Beispiele:

1. $24 \cdot 0 \cdot 7 = 0$
2. $0 : 17 = 0$
3. $12 : 0$ nicht definiert!
4. $2^5 \cdot 4^3 \cdot 0 \cdot 3 \cdot 2 = 0$

Rechenregeln und Rechengesetze

Wichtige Regeln

Punktrechnung gilt stets vor Strichrechnung!

Punkt vor Strich (PVS)

Beispiel: $3 + 4 \cdot 7 - 5$ **nicht:** $3 + 4 \cdot 7 - 5$
            $= 3 + 28 - 5$ $= 7 \cdot 7 - 5$
            $= 31 - 5$ $= 49 - 5$
            $= 26$ $= 44$

Klammern werden zuerst berechnet.

Beispiel: $6 - (12 - 8) + 5$
            $= 6 - 4 + 5$
            $= 7$

Bei verschiedenen Klammern rechnet man von „innen" (runde Klammern) nach „außen" (eckige Klammern).

Beispiel: $14 - [2 + 8 - (4 \cdot 3 + 5) + 12]$
            $= 14 - [10 - (12 + 5) + 12]$
            $= 14 - [10 - 17 + 12]$
            $= 14 - 5$
            $= 9$

Vorrangregeln

Potenzberechnung und Wurzelberechnung kommt vor Punktrechnung und diese vor Strichrechnung.

Beispiel: $4 \cdot (3 \cdot \sqrt{16} + 5 \cdot 2^3)$
            $= 4 \cdot (3 \cdot 4 + 5 \cdot 8)$ Wurzel- und Potenzberechnung zuerst!
            $= 4 \cdot (12 + 40)$ Punkt vor Strich!
            $= 4 \cdot 52$
            $= 208$

Das Kommutativgesetz (Vertauschungsgesetz)

| $a + b = b + a$ | Beim **Addieren** und **Multiplizieren** kann man die |
| $a \cdot b = b \cdot a$ | Zahlen beliebig vertauschen. |

$a, b \in \mathbb{Q}$

Beispiele: $3 + 4 = 4 + 3$ $6 - 5 \neq 5 - 6$
 $6 \cdot 10 = 10 \cdot 6$ $12 : 4 \neq 4 : 12$

Das Assoziativgesetz (Verbindungsgesetz)

| $a + (b + c) = (a + b) + c$ | Beim **Addieren** und **Multiplizieren** kann |
| $a \cdot (b \cdot c) = (a \cdot b) \cdot c$ | man die Zahlen durch Klammern beliebig zusammenfassen. |

$a, b, c \in \mathbb{Q}$

Beispiele: $14 + (10 + 2) = (14 + 10) + 2$ $14 - (10 + 2) \neq (14 - 10) + 2$
 $14 + 12 = 24 + 2$ $14 - 12 \neq 4 + 2$
 $26 = 26$ $2 \neq 6$

Das Distributivgesetz (Veteilungsgesetz)

$a \cdot (b + c) = a \cdot b + a \cdot c$	$(a + b) : c = a : c + b : c$
$a \cdot (b - c) = a \cdot b - a \cdot c$	$(a - b) : c = a : c - b : c$
(a kann auch hinter der Klammer stehen!)	

$a, b, c \in \mathbb{Q}$ $a, b \in \mathbb{Q} \quad c \in \mathbb{Q} \setminus \{0\}$

Durch Null darf mann niemals dividieren!

Eine Klammer wird mit einer Zahl multipliziert (durch eine Zahl dividiert), indem man jedes Glied in der Klammer mit der Zahl multipliziert (durch die Zahl dividert) und die Vorzeichenregeln beachtet.

Beispiele:

1. $\mathbf{12} \cdot (18 - 3) = \mathbf{12} \cdot 18 - \mathbf{12} \cdot 3$
 $= 216 - 36$
 $= 180$

2. $(-4 + 5) \cdot (\mathbf{-2}) = -4 \cdot (\mathbf{-2}) + 5 \cdot (\mathbf{-2})$
 $= +8 - 10$
 $= -2$

Multiplikation von Summen und Differenzen

$$(a + b) \cdot (c - d) = a \cdot c - a \cdot d + b \cdot c - b \cdot d$$

Zwei Klammern werden miteinander multipliziert, indem man jedes Glied der einen Klammer mit jedem Glied der anderen Klammer multipliziert und die Vorzeichenregeln beachtet.

Beispiele:

1. $(4 - 2) \cdot (6 - 5 + 8)$
   $= 4 \cdot 6 - 4 \cdot 5 + 4 \cdot 8 - 2 \cdot 6 + 2 \cdot 5 - 2 \cdot 8$
   $= 24 - 20 + 32 - 12 + 10 - 16$
   $= 18$
2. $(2x - y)(-x + 4y) = -2x^2 + 8xy + xy - 4y^2$
   $= -2x^2 + 9xy - 4y^2$

Auflösen von Klammern

$+ (a - b + c) = a - b + c$
$- (a - b + c) = - a + b - c$

Beim Auflösen einer **Plusklammer** bleiben die Zeichen erhalten, beim Auflösen einer **Minusklammer** ändern sich die Zeichen.

$m \cdot (n + 2p - 3q) = m \cdot n + 2mp - 3mq$
Produkt $\longrightarrow$ Summe

Siehe Distributivgesetz Seite 15

Die Umwandlung eines Produktes in eine Summe nennt man Ausmultiplizieren.

Beispiele:

1. $-15 \cdot (8 - 7 + 14 - 1) = -15 \cdot 8 - 15 \cdot (-7) - 15 \cdot 14 - 15 \cdot (-1)$
   $= -120 + 105 - 210 + 15$
   $= -210$
2. $-(-8 + 3 \cdot 4 - 2 \cdot 7) = +8 - 3 \cdot 4 + 2 \cdot 7$
   $= +8 - 12 + 14$
   $= 10$

Setzen von Klammern

$$a \cdot b + a \cdot c - a \cdot d = a \cdot (b + c - d)$$

Besitzen **alle** Summanden eines Terms den gleichen Faktor, so kann dieser ausgeklammert werden.

$$a^2 - ab + ac^2 = a(a - b + c^2)$$
Summe ⟶ Produkt

Diese Umwandlung einer Summe in ein Produkt nennt man Ausklammern.

Beispiele:

1. $9abcd + 6abc - 12abf + 3ab$
   $= 3ab(3cd + 2c - 4f + 1)$

2. $12x^3y^2z^4 - 8x^2y^3z^3 + 6x^2y^2z^2$
   $= 2x^2y^2z^2 \cdot (6xz^2 - 4yz + 3)$

Stets **alle** möglichen Faktoren ausklammern.

Ausmultiplizieren und Ausklammern sind umgekehrte Rechenschritte:
$$4 \cdot (6 - 2 + 5) = 4 \cdot 6 - 4 \cdot 2 + 4 \cdot 5$$

 Anwendung des Distributivgesetzes von „links nach rechts"

 Anwendung des Distributivgesetzes von „rechts nach links"

Zwischen zwei Klammern, zwischen zwei Buchstaben, zwischen einer Zahl und einem Buchstaben, zwischen einer Zahl und einer Klammer darf man den Multiplikationspunkt weglassen!

Beispiele: $3 \cdot x = 3x$ $a \cdot b \cdot c = abc$
           $4 \cdot (6 - 2) = 4(6 - 2)$ $x \cdot (5 - y) = x(5 - y)$

           $2 \cdot 3a = 23a$ falsch!

Die binomischen Grundformeln

> 1. binomische Formel $\quad (a + b)^2 = a^2 + 2ab + b^2$
>
> Das Quadrat einer Summe ist das Quadrat der ersten Zahl a **plus** dem doppelten Produkt der beiden Zahlen a und b plus dem Quadrat der zweiten Zahl b.

Beispiel: $(2x + 6y)^2 = (2x)^2 + 2 \cdot 2x6y + (6y)^2$
$= 4x^2 + 24xy + 36y^2$

> 2. binomische Formel $\quad (a - b)^2 = a^2 - 2ab + b^2$
>
> Das Quadrat einer Differenz ist das Quadrat der ersten Zahl a **minus** dem doppelten Produkt der beiden Zahlen a und b plus dem Quadrat der zweiten Zahl b.

Beispiel: $(4m - 5n)^2 = (4m)^2 - 2 \cdot 4m \cdot 5n + (5n)^2$
$= 16m^2 - 40mn + 25n^2$

> 3. binomische Formel $\quad (a + b) \cdot (a - b) = a^2 - b^2$
>
> Das Produkt aus der Summe und der Differenz zweier Zahlen a und b ist das Quadrat der ersten Zahl a minus dem Quadrat der zweiten Zahl b.

Beispiel: $(\frac{1}{3}e + 7f)(\frac{1}{3}e - 7f) = (\frac{1}{3}e)^2 - (7f)^2$
$= \frac{1}{9}e^2 - 49f^2$

Teilbarkeitsregeln

	Eine Zahl ist teilbar durch...	Beispiele:
2	wenn sie eine gerade Zahl ist	12; 416
3	wenn die Quersumme durch 3 teilbar ist	201; 3024
4	wenn die beiden letzten Ziffern durch 4 teilbar sind	924; 333336
5	wenn die letzte Ziffer eine 5 oder 0 ist	3005; 1260
6	wenn sie eine gerade Zahl ist und die Quersumme durch 3 teilbar ist	4812; 10002
8	wenn die letzten drei Ziffern durch 8 teilbar sind	9184; 19664
9	wenn die Quersumme durch 9 teilbar ist	423; 23166
10	wenn die letzte Ziffer eine 0 ist	440; 12030
11	wenn ihre alternierende Quersumme durch 11 teilbar ist	7192801; 19085
25	wenn die letzten beiden Ziffern 00, 25, 50 oder 75 sind	775; 3450
125	wenn die letzten drei Ziffern 000, 125, 250, 375, 500, 625, 750 oder 875 sind	8875; 1003125

Die **Quersumme** einer Zahl ist die Summe der Ziffern dieser Zahl.
4 + 8 + 1 + 2 = 15
alternierend = wechselnde Rechenzeichen:
7 − 1 + 9 − 2 + 8 − 0 + 1 = 22   1 − 9 + 0 − 8 + 5 = − 11

Beispiele:

1. Durch welche Zahlen kann man 420 teilen?
   420 : 2 = 210 (gerade Zahl)
   420 : 5 = 84 (letzte Ziffer ist 0)
   420 : 10 = 42 (letzte Ziffer ist 0)
   420 : 3 = 140 (Quersumme 4 + 2 = 6 ist durch 3 teilbar)
   420 : 6 = 70 (gerade Zahl und Quersumme ist durch 3 teilbar)
   → 420 ist teilbar durch 2, 3, 5, 6, 10

2. Durch welche Zahlen kann man 22541 teilen? Nicht möglich durch 2, 4, 5, 6, 8, 10, 25, 125
   2541 : 3 = 847 (Quersumme 2 + 5 + 4 + 1 = 12 ist durch 3 teilbar)
   2541 : 11 = 231 (die alternierende Summe 2 − 5 + 4 − 1 = 0 ist durch 11 teilbar)

0 ist durch jede Zahl (außer durch 0) teilbar!

Das kleinste gemeinsame Vielfache (kgV)

Wann haben die Zahlen 4, 6 und 15 ihr erstes gemeinsames Vielfaches? Man nennt es das kleinste gemeinsame Vielfache (kgV).

 Man zerlegt jede Zahl in ihre **Primfaktoren** und schreibt *untereinander nur die gleichen Zahlen*. Wenn alle Zahlen zerlegt sind, notiert man von jeder Spalte eine Zahl und multipliziert alle miteinander. Das Ergebnis ist das kgV.

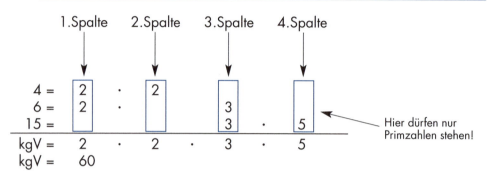

Hier dürfen nur Primzahlen stehen!

 Niemals zwei verschiedene Zahlen untereinander. Es dürfen „Lücken" vorkommen.

Beispiel:
Bestimme das kgV der Zahlen 24, 30, 42.
```
24  = 2·2·2·3
30  = 2·    3·5
42  = 2·    3·  7
```
kgV = 2·2·2·3·   7
kgV = 840

Der größte gemeinsame Teiler (ggT)

Welches ist der größte Teiler der Zahlen 24, 60 und 84?
Man nennt ihn den größten gemeinsamen Teiler (ggT).

Man zerlegt jede Zahl in ihre **Primfaktoren** und schreibt **untereinander nur die gleichen Zahlen**. Wenn alle Zahlen zerlegt sind, notiert man nur solche Spalten, die **lückenlos** ausgefüllt sind. Das Produkt dieser Zahlen ergibt den ggT.

```
24 = 2 · 2 · 2 · 3
60 = 2 · 2       · 3 · 5         ← Hier dürfen nur
84 = 2 · 2       · 3       · 7      Primzahlen stehen!
ggT = 2 · 2 ·     3
ggT =     12
```

Niemals zwei verschiedene Zahlen untereinander.

Beispiel:

Bestimme den ggT der Zahlen 360, 744, 186.
```
360 = 2·2·2·3·3·5
744 = 2·2·2 3·        31
186 = 2·     3·       31
ggT = 2·    3
ggT = 6
```

21

Die Menge der rationalen Zahlen ℚ

Alle ganzen Zahlen, alle Brüche und alle Dezimalzahlen bilden zusammen die Menge der rationalen Zahlen ℚ.

In diesem Kapitel findest du alle Regeln und Gesetze zum Rechnen mit Bruchzahlen und Dezimalzahlen.

Begriff	Kennzeichen	Beispiel
Echter Bruch	Der Zähler ist kleiner als der Nenner *oder:* Der Wert des Bruches ist kleiner 1	$\frac{3}{5}$; $\frac{9}{17}$; $\frac{243}{251}$
Unechter Bruch	Der Zähler ist größer als der Nenner *oder:* Der Wert des Bruches ist größer 1	$\frac{9}{5}$; $\frac{15}{7}$; $\frac{200}{19}$
Scheinbruch	Der Wert des Bruches ist eine ganze Zahl	$\frac{6}{6}$ (= 1); $\frac{85}{17}$ (= 5); $\frac{280}{4}$ (= 70)
Gemischter Bruch (Gemischte Zahl)	Ganze Zahl und echter Bruch	$2\frac{2}{3}$; $11\frac{5}{9}$; $123\frac{1}{5}$
Stammbruch	Der Zähler des Bruches hat den Wert 1	$\frac{1}{3}$; $\frac{1}{8}$; $\frac{1}{20}$
Zehnerbruch	Der Nenner des Bruches ist eine Stufenzahl (10, 100, 1000, ...)	$\frac{9}{10}$; $\frac{3}{100}$; $\frac{17}{10000}$
Dezimalbruch	Kommazahl (Ganze Zahl mit Dezimalen)	1,18; 0,05; 24,8
Periodischer Dezimalbruch	Ab einer bestimmten Stelle nach dem Komma wiederholt sich die gleiche Ziffernfolge (Periode)	$0,\overline{5}$; $3,\overline{13}$; $6,2\overline{3}$

Gleichbedeutende Begriffe   Bruch = Bruchzahl
                                        Dezimalbruch = Dezimalzahl

Verwandlung eines unechten Bruches in eine gemischte Zahl

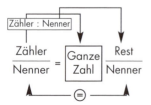

Doppelpunkt und Bruchstrich sind gleichbedeutend.

Man dividiert den Zähler durch den Nenner und erhält eine ganze Zahl mit Rest. Der Rest ist der Zähler des Bruches, der Nenner bleibt erhalten.

Beispiel:

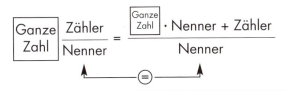

$\dfrac{31}{7} = 4\dfrac{3}{7}$ 　　　31 : 7 = 4; Rest 3

Verwandlung einer gemischten Zahl in einen unechten Bruch

$$\boxed{\text{Ganze Zahl}}\,\dfrac{\text{Zähler}}{\text{Nenner}} = \dfrac{\boxed{\text{Ganze Zahl}} \cdot \text{Nenner} + \text{Zähler}}{\text{Nenner}}$$

> Man erhält den Zähler des Bruches, indem man die ganze Zahl mit dem Nenner multipliziert und den Zähler addiert. Der Nenner bleibt erhalten.

Beispiel:

$$6\dfrac{5}{8} = \dfrac{6 \cdot 8 + 5}{8} = \dfrac{53}{8}$$

Kürzen und Erweitern von Bruchzahlen

> Beim **Kürzen** werden Zähler und Nenner durch die gleiche Zahl **dividiert**.

> Beim **Erweitern** werden Zähler und Nenner mit der gleichen Zahl **multipliziert**.

$$\overset{:6}{\dfrac{12}{30}} = \underset{:6}{\dfrac{2}{5}} \qquad\qquad \overset{\cdot 2}{\dfrac{3}{5}} = \underset{\cdot 2}{\dfrac{6}{10}}$$

Beispiele:

1. Kürze $\dfrac{408}{834}$ so weit wie möglich. $\dfrac{408}{834} = \dfrac{204}{417} = \dfrac{68}{139}$

   gekürzt mit 2 　 gekürzt mit 3

2. Erweitere $\dfrac{3}{8}$ auf den Nenner 136.

   $\dfrac{3}{8} = \dfrac{51}{136}$　　· 17

   Man muss überprüfen, wie oft 8 in der 136 enthalten ist. Dann muss auch der Zähler mit dieser Zahl multipliziert werden.

   NR: 136 : 8 = 17
   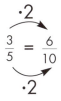

Addition und Subtraktion von Bruchzahlen

Nur **gleichnamige** Brüche (Brüche mit gleichem Nenner) können zusammengefasst werden. Den Hauptnenner (HN) bildet man mit dem kgV.

Beispiel: $\frac{5}{8} - \frac{1}{8} + \frac{11}{8} - \frac{3}{8} - \frac{7}{8} + \frac{9}{8} = \frac{5-1+11-3-7+9}{8} = \frac{14}{8} = \frac{7}{4} = 1\frac{3}{4}$

Lösungsschritte bei *ungleichnamigen* Brüchen:

1. Hauptnenner HN bestimmen.
2. Erweiterungsfaktoren E bestimmen.
3. Alle Brüche auf den HN erweitern.
4. Die einzelnen Zähler berechnen und dann zusammenfassen.
5. Im Ergebnis das Kürzen nicht vergessen.

Beispiel:

$\frac{3}{8} - \frac{5}{6} + \frac{1}{12} + \frac{7}{10} - \frac{3}{16} + \frac{11}{24}$

Bestimmung des HN:

$8 = 2 \cdot 2 \cdot 2 \longrightarrow E_1 = 30 \ (240 : 8)$
$6 = 2 \qquad \cdot 3 \longrightarrow E_2 = 40 \ (240 : 6)$
$12 = 2 \cdot 2 \quad \cdot 3 \longrightarrow E_3 = 20 \ (240 : 12)$
$10 = 2 \qquad \qquad \cdot 5 \longrightarrow E_4 = 24 \ (240 : 10)$
$16 = 2 \cdot 2 \cdot 2 \quad \cdot 2 \longrightarrow E_5 = 15 \ (240 : 16)$
$24 = 2 \cdot 2 \cdot 2 \cdot 3 \longrightarrow E_6 = 10 \ (240 : 24)$

$HN = 2 \cdot 2 \cdot 2 \cdot 3 \cdot 5 \cdot 2$
$HN = 240$

Bestimmung der Erweiterungsfaktoren E:

$= \frac{3 \cdot 30}{240} \overset{E_1}{} - \frac{5 \cdot 40}{240} \overset{E_2}{} + \frac{1 \cdot 20}{240} \overset{E_3}{} + \frac{7 \cdot 24}{240} \overset{E_4}{} - \frac{3 \cdot 15}{240} \overset{E_5}{} + \frac{11 \cdot 10}{240} \overset{E_6}{}$

$= \frac{90 - 200 + 20 + 168 - 45 + 110}{240} = \frac{143}{240}$

Multiplikation und Division von Bruchzahlen

Brüche werden multipliziert, indem man Zähler mit Zähler und Nenner mit Nenner multipliziert. $\qquad \frac{a}{b} \cdot \frac{c}{d} = \frac{a \cdot c}{b \cdot d}$

Beispiel: $\frac{3}{4} \cdot \frac{5}{7} = \frac{3 \cdot 5}{4 \cdot 7} = \frac{15}{25}$

Brüche werden dividiert, indem man den ersten Bruch mit dem Kehrwert des zweiten Bruchs multipliziert. $\quad \dfrac{a}{b} : \dfrac{c}{d} = \dfrac{a \cdot d}{b \cdot c}$

Beispiel: $\dfrac{2}{5} : \dfrac{7}{8} = \dfrac{2 \cdot 8}{5 \cdot 7} = \dfrac{16}{35}$

Das Produkt eines Bruches und seines Kehrbruches hat stets den Wert 1. $\quad \dfrac{a}{b} \cdot \dfrac{b}{a} = 1$

Beispiel: $\dfrac{9}{17} \cdot \dfrac{17}{9} = \dfrac{9 \cdot 17}{17 \cdot 9} = 1$

Dezimalzahlen: Begriffe

Dezimalzahlen sind „Kommazahlen".

Das Komma trennt die ganze Zahl von den Dezimalen

z = Zehntel
h = Hundertstel
t = Tausendstel

... M HT ZT Z H Z E, z h t zt ht m ...

Beispiel: 40318,041059

Es gibt

Endliche Dezimalzahlen, z. B. 0,183; 108,004

Reinperiodische Dezimalzahlen, z. B. 0,$\overline{3}$; 12,$\overline{24}$

Gemischtperiodische Dezimalzahlen, z. B. 0,1$\overline{6}$; 2,12$\overline{36}$

Runden von Dezimalzahlen

Für das Runden ist die Ziffer nach der zu rundenden Stelle maßgebend:

Bei den Ziffern 0, 1, 2, 3, 4 wird **ab**gerundet.
Bei den Ziffern 5, 6, 7, 8, 9 wird **auf**gerundet.

Beispiele:

24,0366 $\xrightarrow{\text{gerundet auf h}}$ 24,04

121,19941 $\xrightarrow{\text{gerundet auf zt}}$ 121,1994

63,98 $\xrightarrow{\text{gerundet auf z}}$ 64,0

Addition und Subtraktion von Dezimalzahlen

Ziffern mit gleichem Stellenwert werden untereinander geschrieben, Komma steht unter Komma. Auf den Übertrag achten!

Beispiele:

```
     79,04
    185,198                Nicht besetzte Stellen
 + 3066,8172               werden als 0 addiert!
   2 2 1   1 1
   3331,0552
```

```
    41,043
  − 38,986
   1 1  1 1
     2,057
```

Multiplikation und Division von Dezimalzahlen

Dezimalzahlen werden miteinander multipliziert, indem man ohne Rücksicht auf das Komma multipliziert. Die Anzahl der Dezimalen im Ergebnis ist die Summe der Dezimalen der Faktoren.

Beispiel:

42,31 · 5,048   2 + 3 Dezimalen

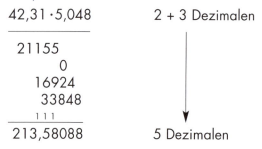

213,58088   5 Dezimalen

Bei der Division darf im Divisor kein Komma stehen.

> Man verschiebt im Divisor *und* Dividenden das Komma soweit nach rechts, bis der Divisor „kommafrei" ist.

Beispiel:

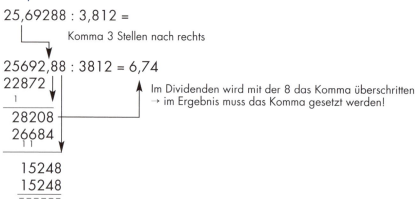

Brüche können in Dezimalbrüche umgewandelt werden und umgekehrt.

Verwandlung eines Bruches in einen Dezimalbruch

1. Endlicher Dezimalbruch (die Division geht auf)

Möglichkeit I	Möglichkeit II
Man dividiert den Zähler durch den Nenner.	Man erweitert – wenn möglich – den Nenner auf eine Stufenzahl (10, 100, 1000, . . .).

Beispiel:

$\frac{5}{8} = 5 : 8 = 0{,}625$
$\phantom{\frac{5}{8} = 5 : 8 =}\underline{0}$
$\phantom{\frac{5}{8} = 5 : 8 =}50$
$\phantom{\frac{5}{8} = 5 : 8 =}\underline{48}$
$\phantom{\frac{5}{8} = 5 : 8 =}20$
$\phantom{\frac{5}{8} = 5 : 8 =}\underline{16}$
$\phantom{\frac{5}{8} = 5 : 8 =}40$
$\phantom{\frac{5}{8} = 5 : 8 =}\underline{\underline{40}}$

Beispiel:

$\frac{5}{8} = \frac{625}{1000} = 0{,}625$ ·125

2. Periodischer Dezimalbruch (die Division geht nicht auf)

> Man dividiert den Zähler durch den Nenner. Die Ziffern, die sich beim Dividieren ständig wiederholen, nennt man **Periode**. Sie wird durch einen Querstrich über der Periode gekennzeichnet.

Beispiele:

a) Reinperiodische Dezimalbrüche

$\frac{2}{3} = 2 : 3 = 0{,}666\ldots = 0{,}\overline{6}$

$\frac{5}{11} = 5 : 11 = 0{,}454545\ldots = 0{,}\overline{45}$

b) Gemischtperiodische Dezimalbrüche

$\frac{3}{45} = 3 : 45 = 0{,}0666\ldots = 0{,}0\overline{6}$

Verwandlung eines Dezimalbruches in einen Bruch

1. Endlicher Dezimalbruch

> Im Zähler stehen die Dezimalen. Im Nenner steht die entsprechende Stufenzahl. Evtl. muss noch gekürzt werden.

Beispiele:

$0{,}45 = \frac{45}{100} = \frac{9}{20}$ h → Stufenzahl 100

$0{,}023 = \frac{23}{1000}$ t → Stufenzahl 1000

2. Reinperiodischer Dezimalbruch

> In den Zähler schreibt man die Periode des Dezimalbruchs. Im Nenner steht eine Zahl aus so vielen Ziffern 9, wie die Periode Ziffern hat.

Beispiele: $0,\overline{5} = \frac{5}{9}$ $\qquad\qquad 0,\overline{41} = \frac{41}{99}$

$0,\overline{041} = \frac{41}{999}$ $\qquad\qquad 0,\overline{12} = \frac{12}{99} = \frac{4}{33}$

3. Gemischtperiodischer Dezimalbruch

> Man multipliziert den Dezimalbruch mit einer Stufenzahl, dass die Periode unmittelbar hinter dem Komma beginnt. Dieses Produkt setzt man in eine Klammer und dividiert jetzt durch die gleiche Stufenzahl.

Beispiele:

$1,0\overline{2} = (1,0\overline{2} \cdot 10) : 10 = 10,\overline{2} : 10 = 10\frac{2}{9} : 10 = \frac{92}{9} : 10 = \frac{92}{90} = \frac{46}{45} = 1\frac{1}{45}$

Die Periode beginnt hinter dem Komma!

$0,23\overline{5} = (0,23\overline{5} \cdot 100) : 100 = 23,\overline{5} : 100 = 23\frac{5}{9} : 100 = \frac{212}{9} : 100 = \frac{212}{900} = \frac{53}{225}$

Komma um zwei Stellen verschieben!

Besondere Bruchzahlen und Dezimalzahlen

Folgende Zusammenhänge zwischen Brüchen und Dezimalzahlen solltest du auswendig lernen:

$\frac{1}{10} = 0,1$	$\frac{1}{4} = 0,25$	$\frac{1}{5} = 0,2$	$\frac{1}{8} = 0,125$
$\frac{1}{100} = 0,01$	$\frac{1}{2} = 0,5$	$\frac{2}{5} = 0,4$	$\frac{3}{8} = 0,375$
$\frac{1}{1000} = 0,001$	$\frac{3}{4} = 0,75$	$\frac{3}{5} = 0,6$	$\frac{5}{8} = 0,625$
		$\frac{4}{5} = 0,8$	$\frac{7}{8} = 0,875$

Potenzen

Begriffe

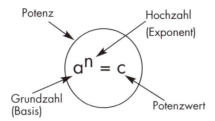

Die Hochzahl gibt an, wie oft die Grundzahl mit sich selbst multipliziert wird.

Die fünf Potenzgesetze

Potenzen mit gleichen Grundzahlen werden multipliziert, indem man die Hochzahlen addiert.

$$a^m \cdot a^n = a^{m+n}$$
$$3^2 \cdot 3^3 = 3^5 \ (= 243)$$

Potenzen mit gleichen Grundzahlen werden dividert, indem man die Hochzahlen subtrahiert.

$$a^m : a^n = a^{m+n}$$
$$4^7 : 4^5 = 4^2 \ (= 16)$$

Potenzen mit gleichen Hochzahlen werden multipliziert, indem man das Produkt der Grundzahlen mit der Hochzahl potenziert.

$$a^n \cdot b^n = (a \cdot b)^n$$
$$2^3 \cdot 4^3 = 8^3 \ (= 512)$$

Potenzen mit gleichen Hochzahlen werden dividiert, indem man den Quotienten der Grundzahlen mit der Hochzahl potenziert.

$$\frac{a^n}{b^n} = \left(\frac{a}{b}\right)^n$$
$$\frac{6^3}{2^3} = 3^3 \ (= 27)$$

Eine Potenz wird potenziert, indem man die Hochzahlen multipliziert.

$$(a^m)^n = a^{m \cdot n}$$
$$(2^4)^3 = 2^{12} \ (= 4096)$$

Beispiele:
Vereinfache bei allen Aufgaben so weit wie möglich.
1. $2^3 \cdot 2^2 = 2^{3+2} = 2^5 = 32$
2. $4^3 : 4 - 5^4 : 5^3 = 4^{3-1} - 5^{4-3} = 4^2 - 5^1 = 16 - 5 = 11$
3. $2^4 \cdot 2^3 : 2^6 + 3^4 : 3^2 = 2^{4+3-6} + 3^{4-2} = 2^1 + 3^2 = 2 + 9 = 11$
4. $(4^2)^6 : (4^4)^2 = 4^{2 \cdot 6} : 4^{4 \cdot 2} = 4^{12} : 4^8 = 4^{12-8} = 4^4 = 256$
5. $[(2^3)^4]^2 = [2^{12}]^2 = 2^{24} = 16777216$

   2^{24} wird mit dem Taschenrechner berechnet:
   Tastenfolge: $\boxed{2}\ \boxed{y^x}\ \boxed{24}\ \boxed{=}$ ⟶ 16777216

Für die Addition und Subtraktion von Potenzen gibt es keine besondere Regel. Erst werden die Potenzwerte berechnet, dann wird zusammengefasst.

Beispiel: $2^3 + 2^4 = 8 + 16 = 24$

   Berechnung der Potenzwerte   zusammenfassen

Potenzen mit den Hochzahlen 0 und 1

Jede Zahl kann als Potenz mit der Hochzahl 1 aufgefasst werden.

$$a^1 = a$$
$$3^1 = 3$$

Jede Potenz mit der Hochzahl 0 hat den Wert 1.

$$a^0 = 1 \quad a \neq 0$$
$$32{,}5^0 = 1$$

Potenzen mit negativen Hochzahlen

Eine Potenz mit negativer Hochzahl ist der Kehrwert der Potenz mit positiver Hochzahl.

$$a^{-n} = \left(\frac{1}{a}\right)^n = \frac{1}{a^n} \quad a \neq 0$$
$$2^{-3} = \frac{1}{2^3} \left(= \frac{1}{8}\right)$$

Potenzen mit rationalen Hochzahlen

Eine Potenz mit einem Bruch als Hochzahl kann als Wurzel geschrieben werden. Der Wurzelexponent ist der Nenner des Bruches, der Exponent des Radikanden ist der Zähler des Bruches.

$$a^{\frac{m}{n}} = \sqrt[n]{a^m} \qquad a \geq 0$$

$$a^{-\frac{m}{n}} = \frac{1}{\sqrt[n]{a^m}} \qquad a > 0$$

$$9^{\frac{3}{2}} = \sqrt[2]{9^3} \left(= \sqrt[2]{729} = 27\right)$$

Beispiele:
1. $(2^3 \cdot 4^2)^0 = 1$
2. $4^{-3} = \frac{1}{4^3} = \frac{1}{64}$
3. $9^{\frac{1}{2}} = \sqrt[2]{9} = 3$
4. $2^3 \cdot 4^0 \cdot 5^2 \cdot 3^1 = 8 \cdot 1 \cdot 25 \cdot 3 = 600$
5. $\frac{2}{5^0} = \frac{2}{1} = 2$

Potenzen mit negativer Grundzahl

Bei einer negativen Grundzahl ist das Vorzeichen des Potenzwertes von der Hochzahl abhängig.

$(-a)^n$ → positiver Potenzwert für $n \in \mathbb{V}_2$
→ negativer Potenzwert für $n \in \mathbb{U}$

Beispiele: $(-2)^4 = 16$ $\qquad (-2)^5 = -32$

Vorsicht!

$-2^6 = -32$ — Die 6 ist der Exponent von 2, das Minuszeichen gehört nicht zur Grundzahl und wird nicht mit potenziert.

$(-2)^6 = +32$ — Die 6 ist der Exponent der Klammer, das Minuszeichen gehört zur Grundzahl und wird mit potenziert.

Zusammenhang zwischen Basis, Exponent und Potenzwert

Ist die Basis größer als 1, so wächst der Potenzwert mit wachsendem Exponenten.
Ist die Basis zwischen 0 und 1, so fällt der Potenzwert mit wachsendem Exponenten.

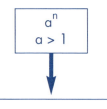
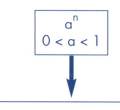

Beispiele: $\left(\dfrac{3}{2}\right)^2 < \left(\dfrac{3}{2}\right)^3$ $\left(\dfrac{2}{3}\right)^2 > \left(\dfrac{2}{3}\right)^3$

$\dfrac{9}{4} < \dfrac{27}{8}$ $\dfrac{4}{9} > \dfrac{8}{27}$

$\dfrac{18}{8} < \dfrac{27}{8}$ $\dfrac{12}{27} > \dfrac{8}{27}$

Wird ein Bruch potenziert, so muss er in eine Klammer gesetzt werden!

Beispiele: $\left(\dfrac{2}{3}\right)^4 = \dfrac{2^4}{3^4} = \dfrac{16}{81}$ In diesem Fall gehört die Hochzahl 4 zur Klammer, also zum Bruch!

$\dfrac{2^4}{3} = \dfrac{16}{3}$ In diesem Fall gehört die Hochzahl 4 nur zur 2, also nur zum Zähler!

Zehnerpotenzen

Eine Potenz mit der Grundzahl 10 heißt Zehnerpotenz.

10^n ist eine 1 mit n Nullen.

Sehr große und sehr kleine Zahlen schreibt man als Produkt aus einer Zahl zwischen 1 und 10 und einer Zehnerpotenz: $z \cdot 10^n$ mit $1 < z < 10$

Beispiele:

$325000000000 = 3{,}25 \cdot 10^{11}$

Komma 11 Stellen nach links   Exponent: +11

$0{,}00000412 = 4{,}12 \cdot 10^{-6}$

Komma 6 Stellen nach rechts   Exponent: −6

| Kommaverschiebung nach links | → | positiver Exponent |
| Kommaverschiebung nach rechts | → | negativer Exponent |

Tabellen „besonderer" Potenzen

Lerne diese Zahlen auswendig.

Quadratzahlen

$1^2 = 1$	$14^2 = 196$
$2^2 = 4$	$15^2 = 225$
$3^2 = 9$	$16^2 = 256$
$4^2 = 16$	$17^2 = 289$
$5^2 = 25$	$18^2 = 324$
$6^2 = 36$	$19^2 = 361$
$7^2 = 49$	$20^2 = 400$
$8^2 = 64$	$21^2 = 441$
$9^2 = 81$	$22^2 = 484$
$10^2 = 100$	$23^2 = 529$
$11^2 = 121$	$24^2 = 576$
$12^2 = 144$	$25^2 = 625$
$13^2 = 169$	

Kubikzahlen

1^3	=	1
2^3	=	8
3^3	=	27
4^3	=	64
5^3	=	125
6^3	=	216
7^3	=	343
8^3	=	512
9^3	=	729
10^3	=	1000

Zweierpotenzen

$2^0 = 1$	$2^6 = 64$
$2^1 = 2$	$2^7 = 128$
$2^2 = 4$	$2^8 = 256$
$2^3 = 8$	$2^9 = 512$
$2^4 = 16$	$2^{10} = 1024$
$2^5 = 32$	

Zehnerpotenzen

10^0	=	1	
10^1	=	10	
10^2	=	100	
10^3	=	1000	
10^4	=	10 000	
10^5	=	100 000	
10^6	=	1 000 000	Million
10^9	=	10 000 000	Milliarde
10^{12}	=	100 000 000	Billion

Wurzeln

Begriffe

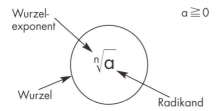

$a \geq 0$

$\sqrt[n]{a}$ ist die nicht negative Lösung der Gleichung
$x^n = a$
$\sqrt[3]{64} = 4$, weil $4^3 = 64$

Ist n = 2, so spricht man von einer Quadratwurzel.
Vereinfachung der Schreibweise: $\sqrt[2]{a} = \sqrt{a}$ Der Wurzelexponent darf weggelassen werden!

$(\sqrt[n]{a})^n = \sqrt[n]{a^n} = a$

Sind Potenz- und Wurzelexponent gleich, so erhält man als Ergebnis die Basis der Potenz.

$\sqrt[3]{5^3} = 5$

Rechnen mit Wurzeln

Wurzeln mit gleichen Exponenten werden multipliziert, indem man die Radikanden multipliziert.

$\sqrt[n]{a} \cdot \sqrt[n]{b} = \sqrt[n]{a \cdot b}$

$\sqrt[2]{3} \cdot \sqrt[2]{12} = \sqrt[2]{36} \; (= 6)$

Wurzeln mit gleichen Exponenten werden dividiert, indem man die Radikanden dividiert.

$\dfrac{\sqrt[n]{a}}{\sqrt[n]{b}} = \sqrt[n]{\dfrac{a}{b}} \qquad b \neq 0$

$\dfrac{\sqrt[3]{81}}{\sqrt[3]{3}} = \sqrt[3]{\dfrac{81}{3}} = \sqrt[3]{27} \; (= 3)$

Wurzeln werden potenziert, indem man den Radikanden potenziert.

$(\sqrt[n]{a})^m = \sqrt[n]{a^m}$

$(\sqrt{3})^4 = \sqrt{3^4} = \sqrt{81} \; (= 9)$

Wurzeln werden radiziert, indem man die Wurzelexponenten multipliziert.

$\sqrt[m]{\sqrt[n]{a}} = \sqrt[m \cdot n]{a}$

$\sqrt[3]{\sqrt[2]{64}} = \sqrt[3 \cdot 2]{64} = \sqrt[6]{64} \; (= 2)$

Für die Addition und Subtraktion von Wurzeln gibt es keine Formel.

$\left. \begin{array}{l} \sqrt[2]{3} + \sqrt[2]{5} \\ \sqrt[3]{2} + \sqrt[4]{2} \end{array} \right\}$ Keine Zusammenfassung möglich!

Beispiele: 1. $\sqrt{6} \cdot \sqrt{24} = \sqrt{6 \cdot 24} = \sqrt{144} = 12$

2. $\sqrt{80} : \sqrt{5} = \sqrt{80:5} = \sqrt{16} = 4$

3. $\sqrt[3]{3} \cdot \sqrt[3]{9} = \sqrt[3]{27} = 3$

4. $\sqrt{\sqrt{625}} = \sqrt{25} = 5$

5. $\sqrt[2]{\sqrt[3]{4}} = \sqrt[6]{4}$

6. $\sqrt[3]{4} + \sqrt[4]{3}$ → lässt sich nicht zusammenfassen

Potenzschreibweise und Wurzelschreibweise

$$a^{\frac{1}{n}} = \sqrt[n]{a}$$

$$a^{\frac{m}{n}} = \sqrt[n]{a^m}$$

$$a^{-\frac{m}{n}} = \frac{1}{\sqrt[n]{a^m}}$$

Eine Potenz mit einem Bruch als Hochzahl kann als Wurzel geschrieben werden.

Der Nenner des Bruches ist der Wurzelexponent, der Zähler des Bruches ist der Exponent des Radikanden.

Beispiele:

1. $4^{\frac{3}{2}} = \sqrt[2]{4^3} = \sqrt[2]{64} = 8$

2. $9^{-\frac{3}{2}} = \frac{1}{\sqrt[2]{9^3}} = \frac{1}{\sqrt[2]{729}} = \frac{1}{27}$

Hinweise zum Lösen von Sachaufgaben

1. Lies den Text genau durch (vielleicht sogar mehrmals).
2. Überlege: Was ist gegeben und was ist gesucht?
3. Überlege dir den Rechenweg und die einzelnen Rechenschritte. Bei manchen Aufgaben kann eine Skizze hilfreich sein.
4. Was lässt sich mit den gegebenen Werten berechnen?
5. Schreibe alle errechneten Ergebnisse ordentlich und übersichtlich auf.
6. Berechne dann die gesuchte Größe.
7. Mache die Probe.
8. Formuliere die Lösung als Antwortsatz.

Beispiel:
An der Theaterkasse werden für eine Vorstellung insgesamt 182 Karten für 1768 € verkauft. 64 Karten für den 1. Platz zu je 10 €, 72 Karten für den 2. Platz zu je 8 €. Die restlichen Karten waren Logenplätze.
Wie viel kostet ein Logenplatz?

Lösung:
1. Man kennt die Summe aller verkauften Karten ⟶ 182 Stück

2. Die Anzahl der verkauften Karten für den ersten und den zweiten Platz lässt sich als Summe errechnen:
64 + 72 ⟶ 136 Stück

3. Die Anzahl der Logenkarten ergibt sich als Differenz:
182 – 136 ⟶ 46 Stück

4. Preis aller verkauften Karten für den 1. Platz: 64 · 10 € ⟶ 640 €

5. Preis aller verkauften Karten für den 2. Platz: 72 · 8 € ⟶ 576 €

6. Der Preis aller verkauften Karten für den 1. und 2. Platz lässt sich als Summe errechnen: 640 € + 576 € ⟶ 1216 €

7. Der Preis für alle Logenkarten ergibt sich als Differenz:
1768 € – 1216 € = ⟶ 552 €

8. Jetzt lässt sich der Preis für eine Logenkarte berechnen:
552 € : 46 ⟶ 12 €

10. Die Lösung wird als Antwortsatz formuliert:
Eine Logenkarte kostet 12 €.

Weiterer Lösungsweg:

Wer sich schon mit „x-Gleichungen" auskennt, könnte die Aufgabe auch so rechnen:

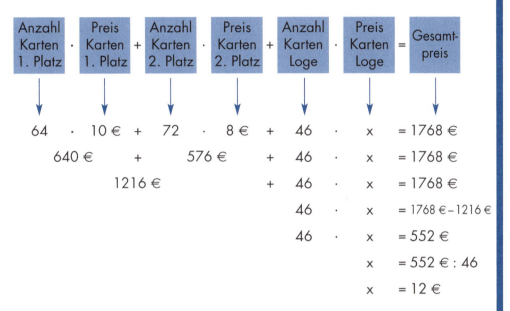

Eine Logenkarte kostet 12 €.

Rechnen mit Größen

Abkürzungen

km	Kilometer
m	Meter
dm	Dezimeter
cm	Zentimeter
mm	Millimeter
t	Tonne
kg	Kilogramm
g	Gramm
mg	Milligramm
Ztr.	Zentner (veraltet)
dz.	Doppelzentner (veraltet)
℔	Pfund (veraltet)
h	Stunde
min	Minute
s	Sekunde

km²	Quadratkilometer
ha	Hektar
a	Ar
m²	Quadratmeter
dm²	Quadratdezimeter
cm²	Quadratzentimeter
mm²	Quadratmillimeter
m³	Kubikmeter
dm³	Kubikdezimeter
cm³	Kubikzentimeter
mm³	Kubikmillimeter
l	Liter
hl	Hektoliter
cl	Zentiliter
ml	Milliliter
€	Euro
ct	Cent

Umrechnungen in eine andere Einheit

Längeneinheiten

```
10 mm =  1 cm
    10 cm =  1 dm
        10 dm = 1 m
------------------------
1000 m = 1 km
```

 Die Umrechnungszahl ist 10. Ausnahme: von m zu km.

Internationale Längeneinheiten

1 inch (Zoll)	1 in	= 2,54 cm
1 foot	1 ft = 12 in	= 30,48 cm
1 yard	1 yd = 3 ft = 36 in	= 91,44 cm
1 Landmeile		≈ 1609 m
1 Seemeile	(1 sm = $\frac{1}{60}$ Meridiangrad)	≈ 1582 m

Flächeneinheiten

100 mm²	=	1 cm²
100 cm²	=	1 dm²
100 dm²	=	1 m²
100 m²	=	1 a
100 a	=	1 ha
100 ha	=	1 km²

Die Umrechnungszahl ist 100.

Raumeinheiten

1000 mm³	=	1 cm³
1000 cm³	=	1 dm³
1000 dm³	=	1 m³

Die Umrechnungszahl ist 1000.

Hohlmaße

1000 ml	=	1 l
100 cl	=	1 l
100 l	=	1 hl

Es gilt folgender Zusammenhang:

1 dm³	=	1 l
1 cm³	=	1 ml
1 m³	=	1000 l = 10 hl
100 dm³	=	1 hl

Internationale Hohlmaßeinheiten

	englisch	amerikanisch
1 pint	= 0,5683 l	= 0,4732 l
1 quart	= 1,1365 l	= 0,9464 l
1 gallon	= 4,5461 l	= 3,7854 l

Raummaße in der Forstwirtschaft und im Holzhandel

Raummeter (rm, Ster)	1 rm = 1 m³	geschichtetes Holz (mit Zwischenräumen)
Festmeter (fm)	1 fm = 1 m³	feste Holzmasse (ohne Zwischenräume)

Diese Raummaße werden in Prüfungen nicht abgefragt, sie sind nur zu deiner Information bestimmt.

Gewichtseinheiten

```
1000 mg = 1 g
1000 g  = 1 kg
1000 kg = 1 t
```

Die Umrechnungszahl ist 1000.

Sehr selten werden auch noch folgende Einheiten verwendet:
Zentner (Ztr.), Doppelzentner (dz), Pfund (℔).
Sie stehen zu den oben genannten Gewichtseinheiten in folgender Beziehung:

```
1 Ztr. = 50 kg
1 dz   = 100 kg
1 ℔   = 0,5 kg = 1/2 kg
```

Internationale Gewichtseinheiten

1 ounce	1 oz	= 28,35 g
1 pound	1 lb = 16 oz	= 453,6 g
1 quarter	1 qu = 28 lb = 448 oz	= 12,7 kg

Zeiteinheiten

```
1 Tag = 24 h
1 h = 60 min
1 min = 60 s
```

Die Umrechnungszahl bei Zeiteinheiten ist unterschiedlich!

Geldeinheiten   1 € = 100 ct

Beispiele:

Verwandle in die angegebene Einheit:

1.	324 m	=	32400	cm	2 Nullen anhängen
2.	4,06 km	=	4060	m	Komma 3 Stellen nach rechts!
3.	283 mm	=	2,83	dm	Komma 2 Stellen nach links!
4.	11,03 ha	=	110300	m^2	Komma 4 Stellen nach rechts!
5.	243 cm^2	=	0,000243	a	Komma 6 Stellen nach links!
6.	31 dm^3	=	0,031	m^3	Komma 3 Stellen nach links!
7.	211 cm^3	=	0,211	l	Komma 3 Stellen nach links → dm^3 (1 dm^3 ≙ 1 l)
8.	4810 g	=	0,004810	t	Komma 6 Stellen nach links!
9.	2 t 20 g	=	2000,020	kg	2 t = 2000 kg, 20 g = 0,020 kg
10.	5 h 33 min	=	19980	s	5 h = 5 · 60 min = 300 min

$$\begin{aligned}
300 \text{ min} &= 300 \cdot 60 \text{ s} = 18000 \text{ s}\\
33 \text{ min} &= 33 \cdot 60 \text{ s} = 1980 \text{ s}\\
\hline
&\phantom{= 33 \cdot 60 \text{ s} =\ }19980 \text{ s}
\end{aligned}$$

„Grundgrößen" und Einheiten

Größen	Einheiten
Geldbeträge	€, ct
Länge*	km, m, dm, cm, mm
Flächen	km^2, ha, a, m^2, dm^2, cm^2, mm^2
Volumen	km^3, m^3, dm^3, cm^3, mm^3, hl, l
Zeit*	Jahr (a), Monat (m), Tag (d), h, min, s
Masse*	t, kg, g, mg
Temperatur	Grad Celsius (°C), Kelvin (K)
Elektrische Stromstärke*	Ampere (A)

* Länge (m), Zeit (s), Masse (kg), Temperatur (K), elektrische Stromstärke (A) sind Basisgrößen des **internationalen Einheitssystems** (SI: „système international"). In Klammern sind jeweils die Basiseinheiten angegeben.

Vielfache und Teile von Einheiten

Vielfache

Vorsatz	Zeichen	n-fach	Zehnerpotenz	Beispiel
Deka	da	10-	10^1	
Hekto	h	100-	10^2	1 hl = 100 l
Kilo	k	1 000-	10^3	1 km = 1000 m
Mega	M	1 000 000-	10^6	
Giga	G	1 000 000 000-	10^9	
Tera	T	1 000 000 000 000-	10^{12}	

Teile

Vorsatz	Zeichen	n. Teil	bzw. -faches	Zehnerpotenz	Beispiel
Dezi	d	10.	$\frac{1}{10}$	10^{-1}	1 dm = $\frac{1}{10}$ m
Zenti	c	100.	$\frac{1}{100}$	10^{-2}	1 cm = $\frac{1}{100}$ m
Milli	m	1 000.	$\frac{1}{1000}$	10^{-3}	1 mm = $\frac{1}{1000}$ m
Mikro	µ	1 000 000.	$\frac{1}{1000000}$	10^{-6}	
Nano	n	1 000 000 000.	$\frac{1}{1000000000}$	10^{-9}	
Piko	p	1 000 000 000 000.	$\frac{1}{1000000000000}$	10^{-12}	

Wichtige zusammengesetzte Größen

Preis = Gesamtpreis : Warenmenge
Stundenlohn = Lohn : Arbeitszeit

	Formel	Einheiten
Geschwindigkeit $v = \frac{Weg}{Zeit}$	$v = \frac{s}{t}$	$\frac{km}{h}$; $\frac{m^*}{s}$
Arbeit W = Kraft · Weg	Mechanische Arbeit: $W = F \cdot s$	NM (Newtonmeter) J (Joule) 1 Nm = 1 J
Widerstand $R = \frac{Spannung}{Stromstärke}$	$R = \frac{U}{I}$	$\frac{V \text{ (Volt)}}{A \text{ (Ampere)}}$
Dichte $\rho = \frac{Masse}{Volumen}$	$\rho = \frac{m}{V}$	$\frac{t}{m^3}$; $\frac{kg}{dm^3}$; $\frac{g}{cm^3}$; $\frac{mg}{mm^3}$
Kraft F = Masse · Beschleunigung	$F = m \cdot a$	$1 \frac{kg \cdot w}{s^2} = 1$ N (Newton)
Leistung $P = \frac{Arbeit}{Zeit}$	$P = \frac{W}{t}$	$\frac{J}{s} 1 = 1$ W (Watt)

Zusammenhang zwischen $\frac{km}{h}$ und $\frac{m}{s}$:

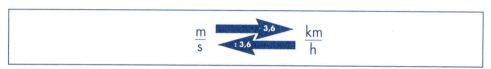

Beispiele:

a) $124 \frac{km}{h} = 124 : 3{,}6 \frac{m}{s} = 34{,}44 \frac{m}{s}$

b) $35 \frac{m}{s} = 35 \cdot 3{,}6 \frac{km}{h} = 126 \frac{km}{h}$

Formeln und ihre Umstellung

1. Geschwindigkeit

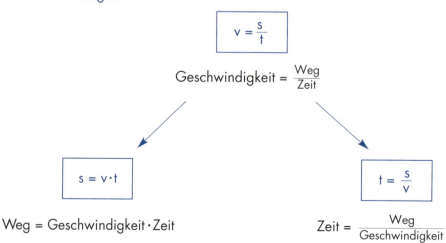

2. Widerstand,

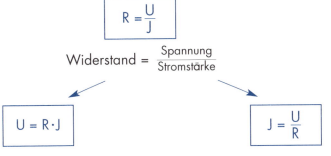

Widerstand = $\frac{\text{Spannung}}{\text{Stromstärke}}$

$U = R \cdot J$

Spannung = Widerstand · Stromstärke

$J = \frac{U}{R}$

Stromstärke = $\frac{\text{Spannung}}{\text{Widerstand}}$

Beispiele:

1. Die Formel für den freien Fall lautet:

   $s = \frac{1}{2} \cdot g \cdot t^2$ (Erdbeschleunigung $g = 9{,}81\frac{m}{s^2}$)
   t ist die Zeit

   Löse die Formel nach t auf.

   $s = gt^2 \;/\cdot 2$
   $2 \cdot s = g \cdot t^2 \;/: g$
   $\frac{2 \cdot s}{g} = t^2 \;/\sqrt{}$
   $t = \sqrt{\frac{2 \cdot s}{g}}$

2. Die Formel für die Dichte lautet:

   $\rho = \frac{m}{V}$ m ist die Masse des Körpers
   V ist ds Volumen des Körpers

   Löse die Formel nach V auf.

   $\rho = \frac{m}{V} / \cdot V$
   $\rho \cdot V = m \;/: \rho$
   $\rho = \frac{m}{\rho}$

Der Maßstab

Der Maßstab gibt das Verhältnis zwischen zwei Streckenlängen an.

$$\text{Maßstab} = \frac{\text{Streckenlänge in der Zeichnung}}{\text{Streckenlänge in Wirklichkeit}}$$

Verkleinerung der Wirklichkeit (Zähler < Nenner)

Vergrößerung der Wirklichkeit (Zähler > Nenner)

1 : n ⟵ wobei n > 1 ist ⟶ n : 1

Die Strecke in der Zeichnung ist der n-te Teil der Strecke in Wirklichkeit.

Die Strecke in der Zeichnung ist der n-mal so groß wie die Strecke in Wirklichkeit.

Wanderkarten haben meistens den Maßstab

1 : 25000   oder   1 : 50000

1 cm auf der ≙ 25000 cm in
Karte   Wirklichkeit

1 cm auf der ≙ 50000 cm in
Karte   Wirklichkeit

4 cm auf der ≙ 1 km in
Karte   Wirklichkeit

2 cm auf der ≙ 1 km in
Karte   Wirklichkeit

Lösungsschema

Verkleinerung der Wirklichkeit Maßstab 1 : n

Vergrößerung der Wirklichkeit Maßstab n : 1

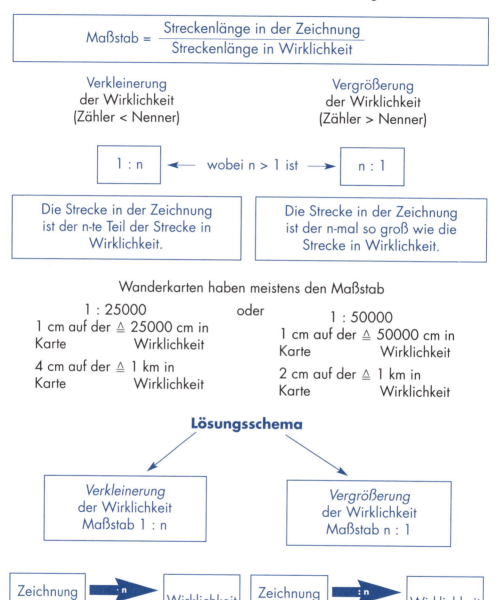

Beispiele:

1. Auf einer Karte im Maßstab 1 : 25000 ist eine Strecke 6,5 cm lang. Wie lang ist die Strecke in Wirklichkeit?

   Wegen 1 : 25000 liegt eine Verkleinerung der Wirklichkeit vor:
   6,5 cm · 25000 = 162500 cm = 1625 m = 1,625 km
   Die Strecke ist 1,625 km lang.

2. Ein Gegenstand ist 0,94 mm lang. Er soll im Maßstab 15 : 1 gezeichnet werden. Wie lang ist er in der Zeichnung?

   Wegen 15 : 1 liegt eine Vergrößerung der Wirklichkeit vor:
   0,94 mm · 15 = 14,1 mm
   In der Zeichnung ist der Gegenstand 14,1 mm lang.

3. Eine Strecke ist 3 km lang. Wie lang ist bei einem Maßstab von 1 : 75000 die Strecke in der Zeichnung?
   Wegen 1 : 75000 liegt eine Verkleinerung vor:
   3000 m : 75000 = 0,04 m = 4 cm
   Die Strecke ist in der Zeichnung 4 cm lang.

Lineare Gleichungen

Eine Gleichung wird schrittweise umgeformt (Äquivalenzumformung), bis die unbekannte Zahl (meistens x) allein auf einer Seite des Gleichheitszeichens steht.

Die Umformung geschieht jeweils mit der umgekehrten Rechenoperation:

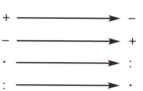

Beispiel:

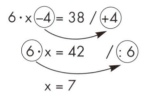

$-4 \rightarrow +4$

$\cdot\, 6 \rightarrow :\, 6$

Lösungsschritte bei „schwierigeren" Gleichungen:

Beispiel: $\quad 3x + 2 \cdot (x - 5) + 12 = 6\,(4 - x) + 10 \qquad \mathbb{G} = \mathbb{Z}$

Lösungsschritte:

① Eventuell vorhandene Klammern auflösen
② Die x-Glieder und die Zahlen auf jeder Seite zusammenfassen
③ 1. Äquivalenzumformung: Zuerst addieren bzw. multiplizieren

④ 2. Äquivalenzumformung: Dann multiplizieren bzw. dividieren
⑤ Die Lösung anhand der Grundmenge $\mathbb{G}$ bestimmen

$\quad\quad\quad\quad 3x + 2 \cdot (x - 5) + 12 = 6 \cdot (4 - x) + 10 \qquad \mathbb{G} = \mathbb{Z}$
① $\quad\quad 3x + 2x - 10 + 12 = 24 - 6x + 10$
② $\quad\quad\quad\quad\quad\quad 5x + 2 = 34 - 6x \qquad /\, {+6x \atop -2}$
③ $\quad\quad\quad\quad\quad\quad\quad\quad 11x = 32 \qquad /\, :11$
④ $\quad\quad\quad\quad\quad\quad\quad\quad\quad x = \frac{32}{11}$
⑤ $\quad\quad\quad\quad\quad\quad\quad\quad\; \mathbb{L} = \{\;\} \qquad$ weil $\frac{32}{11} \notin \mathbb{Z}$

Lineare Ungleichungen

Die Lösungsschritte sind die gleichen wie bei den linearen Gleichungen.
Zusätzlich gilt folgendes Gesetz:

> **Inversionsgesetz**
> Wird eine Ungleichung mit einer negativen Zahl multipliziert oder durch
> eine negative Zahl dividiert, so dreht sich das Ungleichheitszeichen um.

> größer → kleiner   kleiner → größer

Beispiel:

$$6x + 2 - 11x - 8 > 2x - 16 \qquad \mathbb{G} = \mathbb{Z}$$
$$-5x - 6 > 2x - 16 \quad / \begin{smallmatrix} -2x \\ +6 \end{smallmatrix}$$
$$-7x > -10 \quad / : (-7)$$
$$x < \tfrac{10}{7}$$
$$\mathbb{L} = \{..., -2; -1; 0; 1\}$$

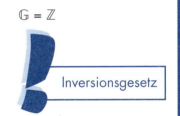

Inversionsgesetz

Bruchgleichungen

Man spricht von einer Bruchgleichung, wenn die Variable mindestens einmal im Nenner vorkommt. Alle Bruchgleichungen weden nach dem gleichen Verfahren gelöst. Beachte dabei, dass der Nenner niemals 0 sein darf, weil die Division durch Null nicht erlaubt ist. Man muss stets die **Definitionsmenge** $\mathbb{D}$ bestimmen.

Man schließt alle Belegungen für x aus, für die der Nenner den Wert Null annimmt!

Beispiele:

1. $\dfrac{4}{3x} - \dfrac{1}{2} + \dfrac{3}{x} - \dfrac{5}{2x} = \dfrac{5}{3}$ $\mathbb{G} = \mathbb{Q}$

   $\dfrac{8}{6x} - \dfrac{3x}{6x} + \dfrac{18}{6x} - \dfrac{15}{6x} = \dfrac{10x}{6x}$ / · HN

   $8 - 3x + 18 - 15 = 10x$

   $-3x + 11 = 10x$ /+ 3x

   $11 = 13x$ /: 13

   $x = \dfrac{11}{13}$

   $\mathbb{L} = \{\ \}$ weil $\dfrac{11}{13} \notin \mathbb{Z}$

Lösungsschritte:

1. $\mathbb{D} = \mathbb{Z} \setminus \{0\}$
2. Hauptnenner HN = 6x bestimmen
3. Auf den HN erweitern
4. Mit dem HN multiplizieren
5. Zusammenfassen
6. Äquivalenzumformung
7. Gleichung lösen
8. Lösungsmenge bestimmen

2. Bestimme nur die Definitionsmenge. $\mathbb{G} = \mathbb{Z}$

   $\dfrac{2}{x+1} - \dfrac{4x}{2x-3} + \dfrac{6}{x^2} - \dfrac{x}{-x+4} = \dfrac{5}{-\frac{1}{2}x-5}$

   Der Nenner wird Null für . . .

   $x = -1$ $x = \dfrac{3}{2}$ $x = 0$ $x = 4$ $x = -10$ → $\mathbb{D} = \mathbb{Q}\setminus\{-10; -1; 0; \dfrac{3}{2}; 4\}$

Prozentrechnung

Begriffe

Grundwert GW: das Ganze (100 %)
Prozentsatz p: Anzahl der Hundertstel
Prozentwert PW: Wert der Hundertstel

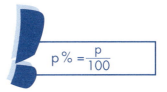

$$p\,\% = \frac{p}{100}$$

Berechnung von Grundwert, Prozentwert, Prozentsatz

Berechnung des Grundwertes:

$$GW = \frac{PW \cdot 100}{p}$$

Berechnung des Prozentwertes:

$$PW = \frac{GW \cdot p}{100}$$

Berechnung des Prozentsatzes:

$$p = \frac{PW \cdot 100}{GW}$$

Aufgaben zur Prozentrechnung lassen sich lösen
a) mit diesen Formeln
b) mit dem Dreisatz
c) mit „bequemen" Teilern

Beispiel: GW = 480 €   p = 12,5 %   Gesucht: PW

a) $PW = \frac{480\,€ \cdot 12{,}5}{100} = 60\,€$

b) 100 % ≙ 480 €
   1 % ≙ $\frac{480\,€}{100}$
   12,5 % = $\frac{480\,€ \cdot 12{,}5}{100} = 60\,€$

c) 480 € : 8 ≙ 60 € (weil 12,5 % der 8. Teil von 100 % ist).

„Bequeme" Teiler von besonderen Prozentsätzen

%	1	$1\frac{1}{4}$	$1\frac{1}{3}$	$1\frac{2}{3}$	2	$2\frac{1}{2}$	$3\frac{1}{3}$	4	$4\frac{1}{6}$	5
Teiler	100	80	75	60	50	40	30	25	24	20

%	$6\frac{1}{4}$	$6\frac{2}{3}$	$8\frac{1}{3}$	10	$12\frac{1}{2}$	$16\frac{2}{3}$	20	25	$33\frac{1}{3}$	50
Teiler	16	15	12	10	8	6	5	4	3	2

Siehe Beispiel c)
$12\frac{1}{2}\,\%$ ist der 8. Teil des Grundwertes GW

Begriffe aus dem Geschäftsbereich

Im Geschäftsbereich sind folgende Begriffe wichtig:

Gewinn: Verkaufspreis (Ertrag) ist höher als der Einkaufspreis plus Nebenkosten.

Verlust: Verkaufspreis (Ertrag) ist niedriger als der Einkaufspreis plus Nebenkosten.

Brutto:
– Betrag einschließlich Steuer
– insgesamt
– mit Verpackung

Netto:
– Betrag ohne Steuer
– ohne Verpackung

Mehrwertsteuer (MwSt): Betrag, der auf den Nettopreis aufgeschlagen wird.

Rabatt: Preisnachlass auf den Listenpreis (z. B. im Sommer-Schluss-Verkauf).

Skonto: Preisnachlass bei Barzahlung.

Rabatt und Skonto dürfen niemals gemeinsam in einer Summe abgezogen werden.

Erst Rabatt, dann Skonto.

Beispiel:

Eine Ware kostet 2500 € zuzüglich 16 % MwSt. Auf den Listenpreis gewährt der Kaufmann 20 % Rabatt und zusätzlich 3 % Skonto bei Barzahlung. Welchen Betrag muss der Käufer bezahlen?

	Nettopreis:	2500,00 €	$\begin{cases} 100\% = 2500\ € \\ 1\% = \frac{2500}{100}\ € \\ 16\% = \frac{2500}{100} \cdot 16\ € = 400\ € \end{cases}$
+	16 % MwSt:	400,00 €	
	Listenpreis:	2900,00 €	$\begin{cases} 100\% = 2900\ € \\ 1\% = \frac{2900}{100}\ € \\ 16\% = \frac{2900}{100} \cdot 20\ € = 580\ € \end{cases}$
–	20 % Rabatt:	580,00 €	
		2320,00 €	$\begin{cases} 100\% = 2320\ € \\ 1\% = \frac{2320}{100}\ € \\ 3\% = \frac{2320}{100} \cdot 3\ € = 69,60\ € \end{cases}$
–	3 % Skonto:	69,60 €	
		2250,40 €	

Antwort: Der Käufer muss 2250,40 € bezahlen.

Veränderte Grundwerte

Vermehrter Grundwert

| Addiert man zum |
| Grundwert ⟶ 100 % |
| den Prozentsatz ⟶ + p % |
| so erhält man |
| den vermehrten |
| Grundwert ⟶ (100 + p) % |

Verminderter Grundwert

| Subtrahiert man zum |
| Grundwert ⟶ 100 % |
| den Prozentsatz ⟶ − p % |
| so erhält man |
| den verminderten |
| Grundwert ⟶ (100 − p) % |

Beispiel:

Im Jahr 2001 besuchten insgesamt 550 Schülerinnen und Schüler das neu eröffnete Heimatmuseum. Im Jahr 2002 waren es 8 % weniger.
Wie viele Schülerinnen und Schüler waren es 2002?

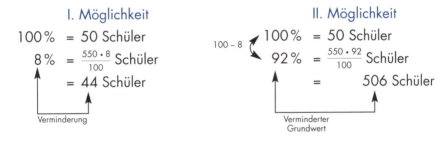

I. Möglichkeit

100 % = 50 Schüler
8 % = $\frac{550 \cdot 8}{100}$ Schüler
= 44 Schüler

↑ Verminderung

II. Möglichkeit

100 − 8

100 % = 50 Schüler
92 % = $\frac{550 \cdot 92}{100}$ Schüler
= 506 Schüler

↑ Verminderter Grundwert

550 Schüler
− 44 Schüler
―――――――
506 Schüler

Antwort: Im Jahr 2002 besuchten 506 Schülerinnen und Schüler das Heimatmuseum.

51

Promillerechnung

Bei der Promilleberechnung gelten ähnliche Formeln wie bei der Prozentrechnung.

Berechnung des Grundwertes:

$$GW = \frac{PW \cdot 1000}{p}$$

Berechnung des Promillewertes:

$$PW = \frac{GW \cdot p}{1000}$$

Berechnung des Promillesatzes:

$$p = \frac{PW \cdot 1000}{GW}$$

Zusammenhang zwischen Prozent (%) und Promille (‰).

$$10\ ‰ = 1\ \%$$

Beispiel:

Herr Durst trinkt im Gasthaus einige Gläser Bier und nimmt dadurch 15 ml Alkohol auf. Bestimme den Blutalkoholgehalt, wenn die Körperblutmenge 8 Liter beträgt.

15 ml = 15 Milliliter = $\frac{15}{1000}$ Liter = 0,015 Liter

Dreisatz:

$8\ l = 1000\ ‰$

$1\ l = \frac{1000}{8}\ ‰$

$0,015\ l = \frac{1000}{8} \cdot 0,015\ ‰$

$= 1,875\ ‰$

Formel:

$p = \frac{PW \cdot 1000}{GW}$

$p = \frac{0,015 \cdot 1000}{8}$

$p = 1,875\ ‰$

Herr Durst hat 1,875 ‰ Alkohol im Blut.

Zu deiner Information:
Die Blutmenge des Menschen beträgt etwa 7,7 % seines Körpergewichts.

Zinsrechnung

Begriffe

Prozentrechnung ↔ Zinsrechnung
Grundwert GW ↔ Kapital K
Prozentwert PW ↔ Zinsen z
Prozentsatz p ↔ Zinsfuß p

Bei der Zinsrechnung ist die Zeit der Verzinsung besonders wichtig.
Abkürzungen in den folgenden Formeln:
Anzahl der Jahre: J   Anzahl der Monate: M   Anzahl der Tage: T

Im kaufmännischen Rechnen hat ein Jahr 360 Tage und jeder Monat 30 Tage.

Verschiedene Zinsformeln

Jahreszinsformel:

$$z = \frac{K \cdot p \cdot J}{100}$$

Monatszinsformel:

$$z = \frac{K \cdot p \cdot M}{100 \cdot 12}$$

Tageszinsformel:

$$z = \frac{K \cdot p \cdot T}{100 \cdot 360}$$

Beispiel:

Herr Reich zahlt am 12. Januar 2800 € auf sein Sparbuch ein. Am 17. September hebt er diesen Betrag wieder ab.
Wie viele Zinsen erhielt er bei einer jährlichen Verzinsung von 3,2 % für diesen Zeitraum?

12. Jan. – 30. Jan.:		18 Tage
Febr. – August:	7 · 30 Tage =	210 Tage
1. Sept. – 17. Sept.:		+ 17 Tage
		245 Tage

$$z = \frac{2800 \text{ €} \cdot 3{,}2 \cdot 245}{100 \cdot 360}$$
$$z = 60{,}98 \text{ €}$$

Herr Reich erhält 60,98 € Zinsen.

Zinseszins

Die Zinsen werden jeweils am Jahresende dem Konto gutgeschrieben und mit verzinst.

Kapital nach n Jahren

$$K_n = K_o \cdot (1 + \tfrac{p}{100})^n$$

K_o: Anfangskapital
K_n: Endkapital
p: Zinssatz
n: Anzahl der Jahre

Beispiel:

Herr Reich zahlt auf sein Konto 20000 € ein und erhält jährlich 3,5 % Zinsen. Welchen Betrag hat er nach 8 Jahren auf seinem Konto?

$K_8 = 20000 \cdot (1 + \tfrac{3{,}5}{100})^8$ €
$K_8 = 26336{,}18$ €

Herr Reich hat 26336,18 € auf seinem Konto.

Tastenfolge mit dem Taschenrechner:

| 20000 | × | (| 1 | + | 3,5 | ÷ | 100 |) | y^x | 8 | = | ⟶ 26336,18 |

Kapitalverdoppelung

Ein Kapital verdoppelt sich nach folgender Formel:

$$n \approx \tfrac{70}{p}$$

n: Anzahl der Jahre
p: Prozentsatz

Beispiel:

Wie hoch ist der Zinssatz, wenn sich ein Kapital nach 175 Monaten verdoppelt?

175 Monate = 14,58 Jahre
$14{,}58 = \tfrac{70}{p}$
$p = \tfrac{70}{14{,}58}$
$p = 4{,}8\,\%$

Der Zinssatz beträgt 4,8 %.

Wachstums- und Zerfallsprozesse

Ähnlich wie die Zinseszinsrechnung (Kapitalwachstum) werden allgemeine Wachstums- und Zerfallsprozesse behandelt.

Wachstumsprozesse

$$W_n = W_0 \cdot \left(1 + \frac{p}{100}\right)^n$$

W_0 = Anfangswert
W_n = Wert nach n Beobachtungszeiträumen (Perioden, Jahren, ...)
n = Anzahl der Beobachtungszeiträume
p = Wachstums- bzw. Zerfallsrate in %

Zerfallsprozesse

$$W_n = W_0 \cdot \left(1 - \frac{p}{100}\right)^n$$

Beispiel:

Die Bevölkerung einer Stadt ist seit 8 Jahren um jährlich 0,6 % zurückgegangen und hat jetzt nur noch 65000 Einwohner. Berechne die Einwohnerzahl vor 8 Jahren.

$E_8 = E_0 \left(1 - \frac{p}{100}\right)^8$

$65000 = E_0 \left(1 - \frac{0,6}{100}\right)^8$

$65000 = E_0 \cdot 0,953 \ /: 0,953$

$E_0 = 68206$

Die Stadt hatte vor 8 Jahren 68206 Einwohner.

Radioaktiver Zerfall

Unter Halbwertszeit $T_{\frac{1}{2}}$ versteht man die Zeit, in der die Hälfte eines radioaktiven Stoffes zerfallen ist.

$$N_t = N_0 \cdot \left(\frac{1}{2}\right)^{\frac{t}{T_{\frac{1}{2}}}}$$

Radioaktiver Zerfall:
N_0 = Anfangswert
N_t = Endwert nach t Jahren
t = Zeitdauer $T_{\frac{1}{2}}$ = Halbwertszeit

Beispiel:

Caesium 137 hat eine Halbwertzeit von etwa 30 Jahren.
Wie viele Gramm sind von 40 g Caesium nach 125 Jahren noch vorhanden?

$N_{125} = 40 \cdot \left(\frac{1}{2}\right)^{\frac{125}{30}}$ g

$N_{125} = 2,23$ g

Nach 125 Jahren sind noch 2,23 g vorhanden.

Tastenfolge beim eTR:

| 40 | × | 0,5 | y^x | (| 125 | ÷ | 30 |) | = | ⟶ 2,27 |

Darstellung mit Hilfe von Diagrammen

Mit Hilfe von Diagrammen lassen sich Zahlenwerte und Größen übersichtlich darstellen.

Beispiele:

An einer Schule mit 600 Schülern kommen 360 mit dem Schulbus, 195 mit dem Fahrrad und 45 zu Fuß.

Säulendiagramm (Blockdiagramm)   Balkendiagramm

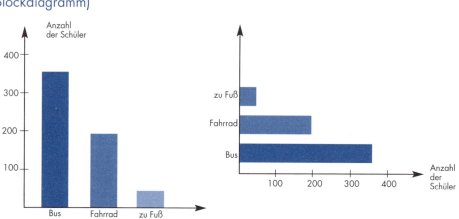

Im Streifen- und Kreisdiagramm werden meistens die Prozentwerte angegeben. 100 % entsprechen beim Streifendiagramm die Streifenlänge (meist 10 cm) und beim Kreisdiagramm 360°.

600 Schüler = 100 %	600 Schüler = 360°
1 Schüler = $\frac{100}{600}$ %	1 Schüler = $\frac{360°}{600}$
360 Schüler = $\frac{100}{600} \cdot 360\% = 60{,}0\%$	360 Schüer = $\frac{360}{600} \cdot 360° = 216°$
195 Schüer = $\frac{100}{600} \cdot 195\% = 32{,}5\%$	195 Schüler = $\frac{360}{600} \cdot 195° = 117°$
45 Schüler = $\frac{100}{600} \cdot 45\% \;\;= 7{,}5\%$	45 Schüler = $\frac{360}{600} \cdot 45° \;\;= 27°$
$\qquad\qquad\qquad\qquad\overline{100\%}$	$\qquad\qquad\qquad\qquad\overline{360°}$

Streifendiagramm

Kreisdiagramm

2. Ein Lottogewinn wird an vier Spieler wie folgt aufgeteilt:

Welchen Prozentsatz des Gewinns erhält jeder Spieler?

10 cm = 100 %

Spieler A (3,5 cm) = 35 %
Spieler B (1,5 cm) = 15 %
Spieler C (3 cm)   = 30 %
Spieler D (2 cm)   = 20 %
⎯⎯⎯⎯⎯⎯⎯⎯⎯
100 %

} des Gewinns

Zuordnungen

Proportionale Zuordnung

> Je mehr → desto mehr
> Je weniger → desto weniger

Der Graph einer proportionalen Zuordnung ist eine Gerade.
z. B.: Menge → Preis

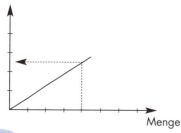

Bei jeder proportionalen Zuordnung ist der Quotient der Maßzahlen der Größenpaare [z. B. (Menge/Preis)] stets gleich.
Man sagt, die Zahlenpaare sind **quotientengleich**.

Zahlenpaar (a/b)	**Quotient** a : b bzw. b : a ist konstant	**Proportionale Zuordnung** (direkte Proportionalität)

Beispiel:

Berechne die fehlenden Maßzahlen der Größenpaare.

Weg	○	90	30	270	km
Zeit	2	1,5	○	○	h

Lösung:
Zuerst wird mit dem Zahlenpaar (90/1,5) der Quotientenwert 90 : 1,5 = 60 bestimmt. Dann können die fehlenden Platzhalter ○ berechnet werden.

90 : 1,5 = (120) : 2 = 30 : (0,5) = 270 : (4,5) = 60
                                         ↑
                                      konstant

Umgekehrt proportionale Zuordnung

> Je mehr → desto weniger
> Je weniger → desto mehr

Der Graph einer umgekehrt proportionalen Zuordnung ist eine Hyperbel.
z. B.: Anzahl der Arbeiter → Arbeitszeit

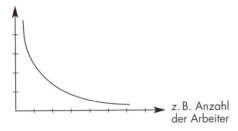

Bei jeder umgekehrt proportionalen Zuordnung ist das Produkt der Maßzahlen der Größenpaare [z. B. (Anzahl der Arbeiter/Arbeitszeit)] stets gleich.

Man sagt, die Zahlenpaare sind **produktgleich**.

| **Zahlenpaar** (a/b) | → | **Produkt** a · b ist konstant | **Umgekehrt proportionale Zuordnung** (indirekte Proportionalität) |

Beispiel:
Berechne die fehlenden Maßzahlen der Größenpaare.

Arbeiter	○	○	6	8	Anzahl
Zeit	2	1,5	4	○	Tage

Lösung:
Zuerst wird mit dem Zahlenpaar (6/4) der Produktwert 6 · 4 = 24 bestimmt.
Dann können die fehlenden Platzhalter ○ berechnet werden.

6 · 4 = ⑫· 2 = ⑯· 1,5 = 8 ·③= 24
                         ↑
                     konstant

Rechnen mit dem Dreisatz

In allen Dreisatzaufgaben stehen die Größen in einem bestimmten Verhältnis zueinander, sie sind zueinander proportional.

Alle Rechnungen werden nach der gleichen Regel durchgeführt.

Im 1. Satz steht das Gegebene (Mehrheit).
Im 2. Satz schließt man auf die Einheit.
Im 3. Satz schließt man von der Einheit auf die neue Mehrheit.

Dreisatzaufgaben bezeichnet man auch als Schlussrechnung.

Beispiele:

1. 5 kg Orangen kosten 6 €. Wie viel kosten 3 kg?

   5 kg Orangen kosten 6 €
   1 kg Orangen kostet 6 € : 5 = 1,20 €   Schluss auf Einheit
   3 kg Orangen kosten 1,20 € · 3 = 3,60 €   Schluss auf neue Mehrheit

2. 8 Maschinen produzieren 10 000 Werkstücke in 15 Stunden. In wie vielen Stunden würden 5 Maschinen diese 10 000 Werkstücke produzieren?

   8 Maschinen brauchen 15 Stunden
   1 Maschine braucht 15 Stunden · 8 = 120 Stunden   Schluss auf Einheit
   5 Maschinen brauchen 120 Stunden : 5 = 24 Stunden   Schluss auf neue Mehrheit

Beispiel 1 ist eine proportionale Zuordnung.
Beispiel 2 ist eine umgekehrt proportionale Zuordnung.

Zusammengesetzte (mehrfache) Schlussrechnung

In der 1. Zeile wird aus den Zahlenwerten a_1, a_2, a_3, ... ein Behauptungssatz aufgestellt. Die gesuchte Größe muss am Schluss stehen.
In der 2. Zeile stehen die Zahlenangaben b_1, b_2, b_3, ..., wobei die gesuchte Größe x am Ende steht (gleiche Größen der beiden Zeilen müssen untereinander stehen):

$$a_1 \ldots \ldots a_2 \ldots \ldots a_3 \ldots \ldots a_n$$
$$b_1 \ldots \ldots b_2 \ldots \ldots b_3 \ldots \ldots x$$

Lösungsweg:

> Die Aufgabe wird schrittweise mit dem Schluss auf die Einheit mit allen Größen des zweiten Satzes berechnet.

Beispiele:

1. 25 Kinder essen in 10 Tagen 200 Kugeln Eis. Wie viele Kugeln Eis essen 12 Kinder in 40 Tagen?

   Schrittweises Rechnen:

   25 Kinder essen in 10 Tagen 200 Kugeln Eis

   1 Kind isst in 10 Tagen $\frac{200}{25}$ Kugeln Eis

   12 Kinder essen in 10 Tagen $\frac{200 \cdot 12}{25}$ Kugeln Eis

   12 Kinder essen in 1 Tag $\frac{200 \cdot 12}{25 \cdot 10}$ Kugeln Eis

   12 Kinder essen in 40 Tagen $\frac{200 \cdot 12 \cdot 40}{25 \cdot 10} = 384$ Kugeln Eis

   Antwort:
   12 Kinder essen in 40 Tagen 384 Kugeln Eis.

2. 6 Bagger heben eine Baugrube bei 8 Stunden täglicher Arbeitszeit in 5 Tagen aus. Wie viele Tage brauchen 4 Bagger bei 10 Stunden täglicher Arbeitszeit?

   Schrittweises Rechnen:

   6 Bagger brauchen bei 8 h täglich 5 Tage

   1 Bagger braucht bei 8 h täglich $5 \cdot 6$ Tage

   4 Bagger brauchen bei 8 h täglich $\frac{5 \cdot 6}{4}$ Tage

   4 Bagger brauchen bei 1 h täglich $\frac{5 \cdot 6 \cdot 8}{4}$ Tage

   4 Bagger brauchen bei 10 h täglich $\frac{5 \cdot 6 \cdot 8}{4 \cdot 10} = 6$ Tage

   Antwort:
   4 Bagger brauchen bei 10 Stunden täglicher Arbeitszeit 6 Tage.

Mischungsrechnen

Bestimmung einer Menge oder eines Preises

Alle Aufgaben lassen sich nach folgenden Grundgedanken lösen:

> Menge vor der Mischung = Menge nach der Mischung
> Wert der Ware vor der Mischung = Wert der Ware nach der Mischung
> Menge 1 · Preis 1 + Menge 2 · Preis 2 = Gesamtmenge · Gesamtpreis

Beispiel:

Pralinen der Sorte A kosten 12 € je kg, die Sorte B kostet 14,20 € je kg. Es sollen 11 kg einer Mischung zum Preis von 13 € je kg angeboten werden. Wie viele kg von jeder Sorte werden benötigt?

Preis A: 12,00 €/kg   Menge A: x kg
Preis B: 14,20 €/kg   Menge B: (11 − x) kg
Preis Mischung: 13,00 €/kg

Menge A · Preis A + Menge B · Preis B = Gesamtmenge · Gesamtpreis
$$x \cdot 12{,}00 + (11 - x) \cdot 14{,}20 = 11 \cdot 13$$
$$12x + 156{,}2 - 14{,}2x = 143 \; /-156{,}2$$
$$-2{,}2x = -13{,}2 \; /:(-2{,}2)$$
$$x = 6$$

Antwort: Es müssen 6 kg der Sorte A und 5 kg der Sorte B gemischt werden.

Bestimmung der Mischungsverhältnisse bei gegebenen Preisen

Preis 1. Sorte: P_1 Menge Sorte 1: M_1
Preis 2. Sorte: P_2 Menge Sorte 2: M_2
Preis Mischung: P_M

Lösung nach folgender Formel:

$$\frac{|P_M - P_1|}{|P_M - P_2|} = \frac{M_2}{M_1}$$

Beachte:
Von den Preisdifferenzen ist der „Betrag" zu nehmen, weil keine negativen Werte vorkommen dürfen!

> Die Preisdifferenzen von Mischung und Sorten stehen im **indirekten** Verhältnis ihrer Mengen.

Beispiel:

Aus zwei Teesorten zu 22,50 €/kg und 27 €/kg soll eine Mischung zum Preis von 24,60 €/kg hergestellt werden. In welchem Verhältnis müssen die Sorten gemischt werden?

$P_1 = 22,50$ €/kg
$P_2 = 27,00$ €/kg
$P_3 = 24,60$ €/kg

$$\frac{|24,60 - 22,50|}{|24,60 - 27|} = \frac{M_2}{M_1}$$

$$\frac{|2,1|}{|2,4|} = \frac{M_2}{M_1}$$

$$\frac{|7|}{|8|} = \frac{M_2}{M_1}$$

$$\rightarrow M_2 : M_1 = 7 : 8$$

Antwort:
Es müssen 8 Teile der Teesorte 1 und 7 Teile der Teesorte 2 gemischt werden.

Rechnen mit dem „Mischungskreuz" (Mischungsregel der Chemiker)

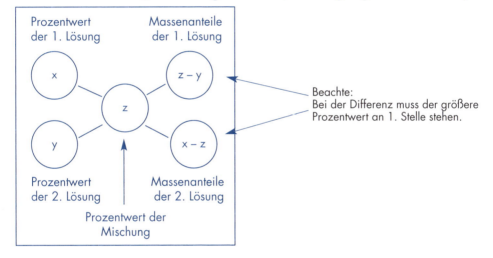

Beachte:
Bei der Differenz muss der größere Prozentwert an 1. Stelle stehen.

Beispiel:

Eine 24%ige Salzlösung A soll mit einer 10%igen Salzlösung B gemischt werden, damit eine 20%ige Salzlösung entsteht.
Wie viele Anteile müssen von jeder Lösung genommen werden?

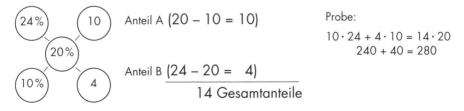

Anteil A (20 − 10 = 10)

Anteil B (24 − 20 = 4)
_____
14 Gesamtanteile

Probe:
$10 \cdot 24 + 4 \cdot 10 = 14 \cdot 20$
$240 + 40 = 280$

Antwort:
Man benötigt 10 Anteile der Lösung A und 4 Anteile der Lösung B.

Geometrische Begriffe und Bezeichnungen

Begriff	Bezeichnung	Beispiel	Kennzeichen
Gerade g durch die Punkte A und B	AB		Die Gerade hat keinen Anfangs- und Endpunkt
Halbgerade mit dem Anfangspunkt A durch den Punkt B	[AB		Die Halbgerade hat einen Anfangspunkt, aber keinen Endpunkt
Strecke mit den Endpunkten A und B	[AB]		Die Strecke hat einen Anfangs- und Endpunkt
parallel	∥		Die Geraden g und h haben keinen Schnittpunkt
nicht parallel	∦		Die Geraden g und h schneiden sich in einem Punkt [dieser Punkt kann auch außerhalb der Zeichenebene liegen]
senkrecht	⊥		Die Geraden g und h schneiden sich unter einem rechten Winkel
nicht senkrecht	⊥̸		Die Geraden g und h schneiden sich unter einem Winkel ≠ 90°
Abstand des Punktes P von der Geraden g	d (P; g)		Der Abstand ist die kürzeste Strecke von einem Punkt zu einer Geraden
Winkel	∢		Das Winkelfeld zwischen zwei sich schneidenden Geraden
Rechter Winkel	∟		Das Maß des Winkels beträgt 90°
Kreis um den Mittelpunkt M mit dem Radius r	k (M; r)		Alle Punkte auf der Kreislinie haben vom Mittelpunkt die gleiche Entfernung

Begriff	Bezeichnung	Beispiel	Kennzeichen
Länge der Strecke mit den Endpunkten A und B	$\overline{AB}$	A, 3 cm, B	Die Strecke hat eine Länge von 3 cm; $\overline{AB}$ = 3 cm
Bogen mit den Endpunkten A und B	$\overparen{AB}$	A, b, B	Teil eines Kreises b = $\overparen{AB}$
kongruent (deckungsgleich)	$\cong$	F_1, F_2; $F_1 \cong F_2$	Die beiden Figuren haben die gleiche Form und die gleiche Fläche
ähnlich	$\sim$	F_1, F_2; $F_1 \sim F_2$	Die beiden Figuren haben die gleiche Form, aber nicht die gleiche Fläche

Winkel

Begriffe

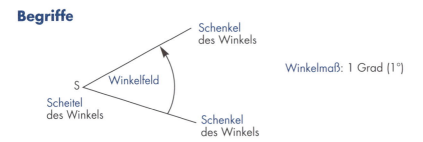

Winkelmaß: 1 Grad (1°)

Bezeichnungen von Winkelmaßen

Winkelmaße werden mit kleinen griechischen Buchstaben bezeichnet.

Griechisches Alphabet

α	β	γ	δ	ε	ζ	η	ϑ
Alpha	Beta	Gamma	Delta	Epsilon	Zeta	Eta	Theta
ι	κ	λ	μ	ν	ξ	ο	π
Jota	Kappa	Lambda	My	Ny	Xi	Omikron	Pi
ρ	σ	τ	υ	φ	χ	ψ	ω
Rho	Sigma	Tau	Ypsilon	Phi	Chi	Psi	Omega

Winkelarten

spitzer Winkel	rechter Winkel	stumpfer Winkel	gestreckter Winkel	überstumpfer Winkel	Vollwinkel
$0° < α < 90°$	$α = 90°$	$90° < α < 180°$	$α = 180°$	$180° < α < 360°$	$α = 360°$

Nebenwinkel und Scheitelwinkel

Nebenwinkel

$$α + β = 180°$$

Die Summe zweier Nebenwinkel beträgt 180°.

Scheitelwinkel

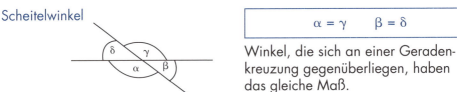

$$α = γ \quad β = δ$$

Winkel, die sich an einer Geradenkreuzung gegenüberliegen, haben das gleiche Maß.

Winkel an Parallelen

Stufenwinkel (F-Winkel)

Wechselwinkel (Z-Winkel)

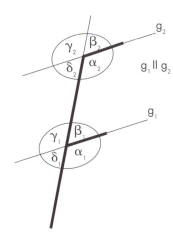 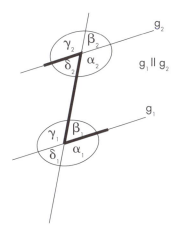

$\alpha_1 = \alpha_2$
$\beta_1 = \beta_2$
$\gamma_1 = \gamma_2$
$\delta_1 = \delta_2$

z. B. ist α_2 der Stufenwinkel zu α_1

$\alpha_1 = \gamma_2$
$\beta_1 = \delta_2$
$\gamma_1 = \alpha_2$
$\delta_1 = \beta_2$

z. B. ist δ_2 der Wechselwinkel zu β_1

Stufenwinkel und Wechselwinkel sind maßgleich.

Winkelsumme im Dreieck und Viereck

Dreieck

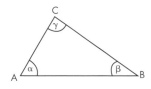

$$\alpha + \beta + \gamma = 180°$$

Viereck

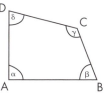

$$\alpha + \beta + \gamma + \delta = 360°$$

Außenwinkel am Dreieck

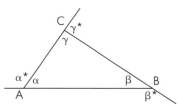

α, β, γ sind Innenwinkel
α^*, β^*, γ^* sind Außenwinkel

Es gilt stets:

| $\alpha + \alpha^* = \beta + \beta^* = \gamma + \gamma^* = 180°$ | Ein Innenwinkel und sein zugehöriger Außenwinkel ergänzen sich zu 180°. |

| $\alpha^* + \beta^* + \gamma^* = 360°$ | Die Sume der drei Außenwinkel beträgt 360°. |

| $\alpha^* = \beta + \gamma$ $\beta^* = \alpha + \gamma$ $\gamma^* = \alpha + \beta$ | Ein Außenwinkel ist so groß wie die Summe der beiden **nicht** anliegenden Innenwinkel. |

Beispiel:

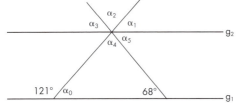

$g_1 \parallel g_2$

Berechne die Maße der Winkel $\alpha_0, \alpha_1, \alpha_2, \alpha_3, \alpha_4, \alpha_5$.

$\alpha_0 = 180° - 121°$ (Nebenwinkel zu 121°)
$\alpha_0 = 59°$

$\alpha_1 = 59°$ (Stufenwinkel zu α_0)

$\alpha_4 = 180° - 59° - 68°$ (Winkelsumme im Dreieck)
$\alpha_4 = 53°$

$\alpha_2 = 53°$ (Scheitelwinkel zu α_4)

$\alpha_3 = 68°$ (Stufenwinkel zu 68°)

$\alpha_5 = 68°$ (Wechselwinkel zu 68° bzw. Scheitelwinkel zu α_3)

Winkelsumme im Vieleck (n-Eck)

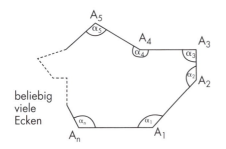

| $\alpha_1 + \alpha_2 + \ldots + \alpha_n = (n - 2) \cdot 180°$ |

$n \triangleq$ Anzahl der Ecken

Beispiele:

1. Welches Viereck besitzt die Winkelsumme 1260°?
   $(n - 2) \cdot 180° = 1260°$ /: 180°
   $\quad\quad n - 2 = 7$ /+ 2
   $\quad\quad\quad\quad n = 9$

   Die Winkelsumme im 9-Eck beträgt 1260°.

2. In einem Viereck gitl: $\alpha = \beta + 30°\quad \gamma = 2\alpha \quad \delta = 62°$.
   Berechne die Maße der Winkel α, β, γ!

   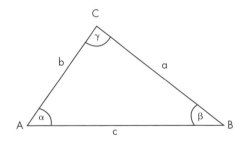

Winkel und Seitenlängen am Dreieck

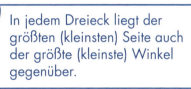

$b < a < c \quad \beta < \alpha < \gamma$

In jedem Dreieck liegt der größten (kleinsten) Seite auch der größte (kleinste) Winkel gegenüber.

Beispiele:

Kann ein Dreieck folgende Maße haben?

1. $a = 6$ cm $\quad c = 5$ cm $\quad \gamma = 92°$
   Das ist nicht möglich, weil γ der größte Winkel ist (im Dreieck ist der Winkel mit dem Maß $\geqq 90°$ stets der größte Winkel) und diesem größten Winkel nicht die größte Seite c gegenüber liegt.

2. $\beta^* = 85° \quad \alpha = 91° \quad b = 6{,}8$ cm (β^* ist Außenwinkel zu β)
   $\beta^* = 85° \rightarrow \beta = 180° - 85° = 95°$
   Das ist nicht möglich, weil die Winkelsumme $\alpha + \beta$ bereits größer als 180° ist.

Grundkonstruktionen

Fällen eines Lotes (P ∉ g)

a) Mit Zirkel und Lineal

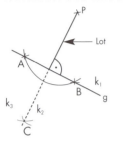

Konstruktionsbeschreibung:
1) Kreis k_1 mit dem Mittelpunkt P schneidet g in A und B
2) Kreis k_2 um A und Kreis k_3 um B mit $r_2 = r_3$ schneiden sich in C
3) P mit C verbinden
4) Die Strecke von P bis zur Gerden g ist das Lot

Es gilt stets: $\boxed{\text{Lot} \perp g}$

b) Mit dem Geodreieck

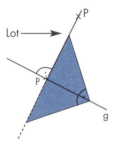

Errichten einer Senkrechten (P ∈ g oder P ∉ g)

a) Mit Zirkel und Lineal

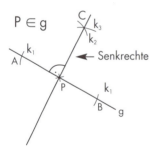

Konstruktionsbeschreibung:
1) Kreis k_1 um P schneidet g in A und B.
2) Kreis k_2 um A und Kreis k_3 um B mit $r_2 = r_3$ schneiden sich in C
3) Die Gerade durch P und C ist die Senkrechte

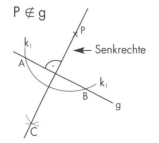

Konstruktionsbeschreibung:
1) Kreis k_1 um P schneidet g in A und B
2) Kreis k_2 um A und Kreis k_3 um B mit $r_2 = r_3$ schneiden sich in C
3) Die Gerade durch P und C ist die Senkrechte

b) Mit dem Geodreieck

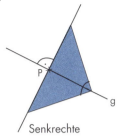

> Das **Lot** ist eine **Strecke**. Die **Senkrechte** ist eine **Gerade**.

Konstruktion der Mittelsenkrechten

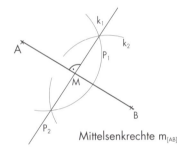

Mittelsenkrechte $m_{[AB]}$

Der Radius der beiden Kreise um A und B muss größer sein als $\frac{AB}{2}$.

Mit der gleichen Konstruktion kann man auch den Mittelpunkt einer Strecke bestimmen.

Konstruktionsbeschreibung:
1) Kreis k_1 um A und Kreis k_2 um B mit $r_1 = r_2$ schneiden sich in P_1 und P_2
2) Die Gerade durch P_1 und P_2 ist Mittelsenkrechte über AB (Kurzschreibweise: $m_{[AB]}$)

Konstruktion der Winkelhalbierenden

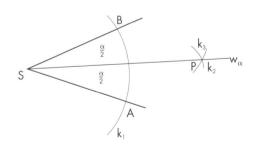

Konstruktionsbeschreibung:
1) Kreis k_1 um S schneidet die beiden Schenkel in A und B
2) Kreis k_2 um A und Kreis k_3 um B mit $r_2 = r_3$ schneiden sich in P
3) Die Halbgerade [SP ist die Winkelhalbierende w_α.

Das Achsenkreuz (Koordinatensystem)

In einem Achsenkreuz (Gitternetz; Koordinatensystem) kann man die Lage eines Punktes durch zwei Zahlenwerte angeben.

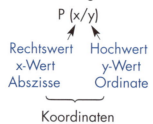

P (x/y)

Rechtswert — Hochwert
x-Wert — y-Wert
Abszisse — Ordinate

Koordinaten

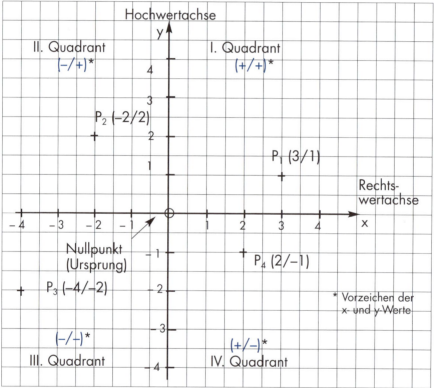

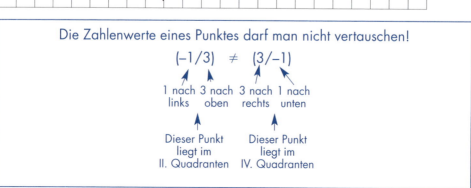

Die Zahlenwerte eines Punktes darf man nicht vertauschen!

(−1/3) ≠ (3/−1)

Beispiele:

1. In welchem Quadranten liegt P (–1,5/–5)?
   → im III. Quadranten
2. Wo liegt der Punkt (0/4)
   → auf der positiven y-Achse
3. Wo liegt der Punkt (–6/0)?
   → auf der negativen x-Achse
4. P (2/–1). Welche Koordinatoren hat der Punkt R, dessen x-Wert um 5 kleiner und dessen y-Wert um 3 größer ist?

   $x_R = 2 - 5 = -3$
   $y_R = -1 + 3 = 2$ → R (–3/2)
5. Wie viele Einheiten muss man vom Punkt A (–4/–10) zum Punkt B (1/–7) in waagerechter und senkrechter Richtung gehen?

   von 4 bis –1: 5 Einheiten nach rechts
   von –7 bis –10: 3 Einheiten nach unten

Kongruenzabbildungen

Achsenspiegelung

Urbild ──a──▶ Abbild

a: Spiegelachse

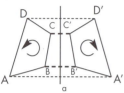

gegensinnig kongruent

Verschiebung

Urbild ──$\vec{v}$──▶ Abbild

$\vec{v}, \overrightarrow{AA'}, \ldots$: Verschiebungspfeil

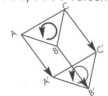

gleichsinnig kongruent

Die Eckpunkte eines Dreiecks, Vierecks, . . . sind in alphabetischer Reihenfolge gegen den „Uhrzeigersinn" angeordnet. Diesen Umlaufsinn nennt man in der Mathematik „positiven" Umlaufsinn:

Im Gegensatz dazu gibt es den „negativen" Umlaufsinn:

Drehung

Urbild ──Z; α──▶ Abbild

Z: Drehpunkt (Drehzentrum)
α: Drehwinkel

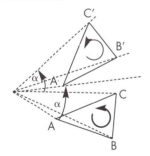

gleichsinnig kongruent

Punktspiegelung

Urbild ──Z──▶ Abbild

Z: Spiegelzentrum

Die Punktspiegelung ist eine Drehung um Z mit α = 180°

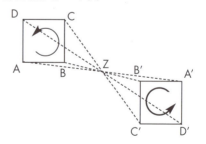

gleichsinnig kongruent

Bei den Abbildungen | Achsenspiegelung Verschiebung Drehung Punktspiegelung | entstehen ▶ | kongruente (deckungsgleiche) Figuren

Kongruente Figuren sind auch flächengleich.

Beispiel:

A (1/–4)   B (4/–2,5)   C (1/–1)

a) Verschiebe das Dreieck ABC zuerst 2 Einheiten nach links und 6 Einheiten nach oben zum Dreieck A'B'C'. Spiegele dann dieses Dreieck A'B'C' an der Winkelhalbierenden des I. und III. Quadranten ($w_{I/III}$) zum Dreieck A"B"C".
b) Gib die Koordinaten der Punkte A", B", C" an.
c) Was kannst du über die Kongruenz der Dreiecke ABC, A'B'C' und A"B"C" aussagen?

Lösung:

a)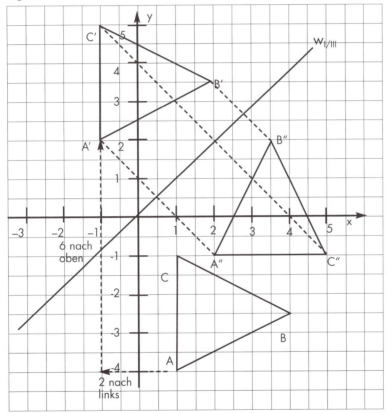

b) A" (2/–1)   B" (3,5/2)   C" (5/–1)

c) △ ABC und und △ A'B'C' sind gleichsinnig kongruent
    △ A'B'C' und △ A"B"C" sind gegensinnig kongruent
    △ ABC und △ A"B"C" sind gegensinnig kongruent

Symmetrische Figuren

Figuren sind symmetrisch, wenn sie durch eine Abbildung auf sich selbst abgebildet werden können.

Geometrische Figuren	Achsensymmetrie	Punktsymmetrie	Drehsymmetrie
Quadrat	4 Symmtrieachsen: Die beiden Diagonalen und die Mittelsenkrechten der Seiten	Symmetriepunkt Z ist der Schnittpunkt der Diagonalen	Drehpunkt Z; Drehwinkel $\alpha = 90°$
Rechteck	2 Symmetrieachsen: Mittelsenkrechten der Seiten	Symmetriepunkt Z ist der Schnittpunkt der Diagonalen	Drehpunkt Z; Drehwinkel $\alpha = 180°$
Parallelogramm	–	Symmetriepunkt Z ist der Schnittpunkt der Diagonalen	Drehpunkt Z; Drehwinkel $\alpha = 180°$
Raute	2 Symmetrieachsen: Die beiden Diagonalen	Symmetriepunkt ist der Schnittpunkt der Diagonalen	Drehpunkt Z; Drehwinkel $\alpha = 180°$
Drachenviereck	Eine Symmetrieachse: Diagonale, die das Drachenviereck in zwei kongruente Dreiecke zerlegt	–	–
Gleichschenkliges Trapez	Eine Symmetrieachse: Mittelsenkrechte der beiden parallelen Seiten	–	–

Geometrische Figuren	Achsensymmetrie	Punktsymmetrie	Drehsymmetrie
Gleichschenkliges Dreieck	Eine Symmetrieachse: Mittelsenkrechte auf der Basis	–	–
Gleichseitiges Dreieck	3 Symmetrieachsen: Mittelsenkrechten der drei Seiten	–	Drehpunkt Z ist der Schnittpunkt der Mittelsenkrechten; Drehwinkel $\alpha = 120°$
Kreis	Unendlich viele Symmetrieachsen: Alle Geraden durch den Mittelpunkt	Symmetriepunkt ist der Mittelpunkt M	Drehpunkt M; Drehwinkel α: Jeder Winkel zwischen 0° und 360° $\rightarrow$ $0° < \alpha \leq 360°$

Bezeichnungen am Dreieck und Viereck

Die Eckpunkte und die Winkel werden stets gegen den Uhrzeigersinn angeordnet.

Beim Punkt A liegt Winkel α
Beim Punkt B liegt Winkel β
Beim Punkt C liegt Winkel γ
Beim Punkt D liegt Winkel δ

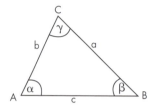

Beim Dreieck gilt:

Die Seite a liegt dem Punkt A gegenüber
Die Seite b liegt dem Punkt B gegenüber
Die Seite c liegt dem Punkt C gegenüber

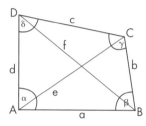

Beim Viereck gilt:
$\overline{AB} = a$; $\overline{BC} = b$; $\overline{CD} = c$; $\overline{DA} = d$
e, f sind Diagonalen
$e = \overline{AC}$; $f = \overline{BD}$

Besondere Dreiecke

Gleichschenkliges Dreieck

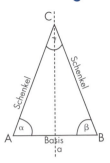

[AB]: Basis
[AC], [BC]: Schenkel → $\overline{AC} = \overline{BC}$
α, β: Basiswinkel → $α = β$
γ: Winkel an der Spitze

Eine Symmetrieachse

Rechtwinkliges Dreieck

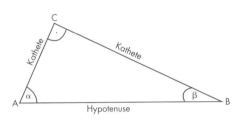

Die Hypotenuse [AB] liegt dem rechten Winkel gegenüber.
Die Katheten [AC] und [BC] schließen den rechten Winkel ein.

$γ = 90°$ → $α + β = 90°$

Keine Symmetrieachse

Gleichschenklig-rechtwinkliges Dreieck

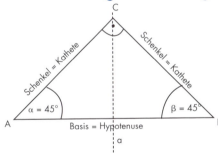

[AB]: Basis oder Hypotenuse
[AC], [BC]: Schenkel oder Kathete

$\overline{AC} = \overline{BC}$
$γ = 90°$ → $α = β = 45°$

Eine Symmetrieachse

Gleichseitiges Dreieck

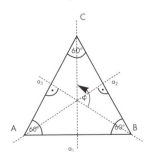

$\overline{AB} = \overline{BC} = \overline{CA}$
$α = β = γ = 60°$

Drei Symmetrieachsen
Drehsymmetrie ($φ = 120°$)

Dreieckskonstruktionen

In einer Planfigur werden die gegebenen Seiten und Winkel farbig eingetragen.

1. Konstruktion aus drei Seiten (SSS)

Beispiel:
a = 4 cm   b = 5 cm   c = 6 cm

Planfigur   Konstruktionsbeschreibung

1) c → {A; B}
2) k (A; b) ∩ (B; a) = {C}

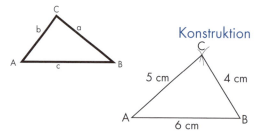

2. Konstruktion aus zwei Seiten und dem dazwischen liegenden Winkel (SWS)

Beispiel:
b = 4,5 cm   c = 5 cm   α = 55°

Planfigur   Konstruktionsbeschreibung

1) c → {A; B}
2) An A Winkel α antragen
   → [AC
3) k (A; b) ∩ [AC = {C}

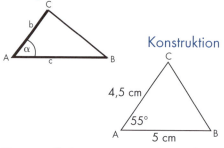

3. Konstruktion aus zwei Winkeln und der dazwischen liegenden Seite (WSW)

a = 6 cm   β = 50°   γ = 62°

Beispiel:

Planfigur   Konstruktionsbeschreibung

1) a → {B; C}
2) An B Winkel β antragen
   → [BA
2) An C Winkel γ antragen
   → [CA
3) [AC ∩ [CA = {A}

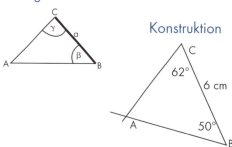

Besondere Linien im Dreieck

Höhen

Spitzwinkliges Dreieck
→ Höhenschnittpunkt liegt innerhalb des Dreiecks

Rechtwinkliges Dreieck
→ Höhenschnittpunkt fällt mit dem Scheitel des rechten Winkels zusammen

Stumpfwinkliges Dreieck
→ Höhenschnittpunkt liegt außerhalb des Dreiecks

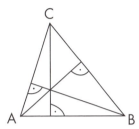
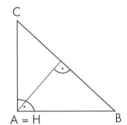
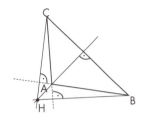

Winkelhalbierenden

Die Winkelhalbierenden schneiden sich in einem Punkt innerhalb des Dreiecks. Dieser Punkt ist Mittelpunkt des Inkreises.

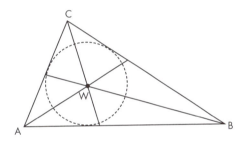

Mittelsenkrechten

Spitzwinkliges Dreieck
→ Schnittpunkt der Mittelsenkrechten liegt innerhalb des Dreiecks

Rechtwinkliges Dreieck
→ Schnittpunkt der Mittelsenkrechten liegt auf der Mitte der Hypotenuse

Stumpfwinkliges Dreieck
→ Schnittpunkt der Mittelsenkrechten liegt außerhalb des Dreiecks

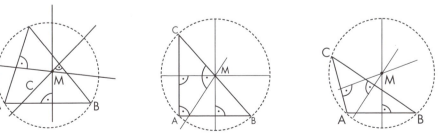

Der Schnittpunkt der Mittelsenkrechten ist Mittelpunkt des Umkreises.

Seitenhalbierenden

Die Seitenhalbierenden schneiden sich in einem Punkt innerhalb des Dreiecks. Dieser Punkt heißt Schwerpunkt.

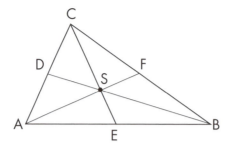

Der Schwerpunkt teilt eine Seitenhalbierende im Verhältnis 2 : 1, wobei der größere Abschnitt zum Eckpunkt gehört:

$\overline{AS} : \overline{SF} = 2 : 1 \qquad \overline{BS} : \overline{SD} = 2 : 1 \qquad \overline{CS} : \overline{SE} = 2 : 1$

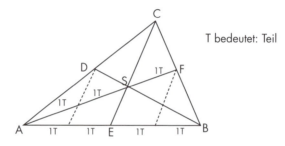

T bedeutet: Teil

Berechnungen am Dreieck

Allgemeines Dreieck

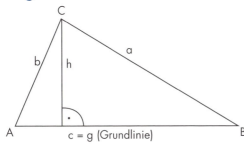

Flächeninhalt: $A = \frac{1}{2} g \cdot h$

Umfang: $U = a + b + c$

Rechtwinkliges Dreieck

Beim rechtwinkligen Dreieck gilt zusätzlich eine weitere Flächenformel.

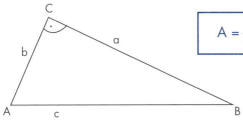

$A = \frac{1}{2} a \cdot b$ a und b sind die Katheten

 Im rechtwinkligen Dreieck ist die Fläche das halbe Produkt der beiden Katheten.

Gleichseitiges Dreieck

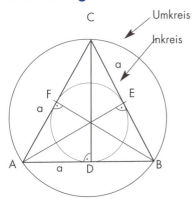

$r = \overline{MA} = \overline{MB} = \overline{MC}$ (Umkreisradius)

$\rho = \overline{MD} = \overline{ME} = \overline{MF}$ (Inkreisradius)

$h = \frac{a}{2}\sqrt{3}$ Höhe

$A = \frac{a^2}{4}\sqrt{3}$ Fläche

$r = \frac{a}{3}\sqrt{3}$ $r = \frac{2}{3} \cdot h$ Umkreisradius

$\rho = \frac{a}{6}\sqrt{3}$ Inkreisradius

Gleichschenklig-rechtwinkliges Dreieck

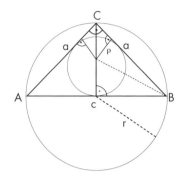

$\overline{AC} = \overline{BC} = a$ (Katheten)
$\overline{AB} = c$ (Hypotenuse)

| $c = a\sqrt{2}$ | Hypotenuse |

| $h = \dfrac{c}{2}$ | $h = \dfrac{a}{2}\sqrt{2}$ | Höhe |

| $A = \dfrac{c^2}{4}$ | $A = \dfrac{a^2}{2}$ | Fläche |

| $r = \dfrac{c}{2}$ | $r = h$ | Umkreisradius |

| $\rho = \dfrac{a}{2}(2 - \sqrt{2})$ | $\rho = \dfrac{c}{2}(\sqrt{2} - 1)$ | Inkreisradius |

Beispiele:

1. Ein rechtwinkliges Dreieck besitzt die Fläche A = 18,56 cm². Eine Kathete ist 6,4 cm lang.
   Berechne die Länge der anderen Kathete.

   $A = \dfrac{1}{2} \cdot a \cdot b$
   $18{,}56 \text{ cm}^2 = \dfrac{1}{2} \cdot 6{,}4 \text{ cm} \cdot b$
   $b = \dfrac{18{,}56 \text{ cm}^2}{3{,}2 \text{ cm}}$
   $b = 5{,}8 \text{ cm}$

   Die zweite Kathete ist 5,8 cm lang.

2. Ein gleichseitiges Dreieck besitzt den Umkreisradius r = 4,8 cm. Berechne Seitenlänge, Höhe und Fläche dieses Dreiecks. Runde auf 2 Dezimalstellen.

   $r = \dfrac{a}{3}\sqrt{3}$ $h = \dfrac{a}{2}\sqrt{3}$ $A = \dfrac{a^2}{4}\sqrt{3}$
   $a = \dfrac{3r}{\sqrt{3}}$ $h = \dfrac{8{,}31}{2}\sqrt{3} \text{ cm}$ $A = \dfrac{8{,}31^2}{4}\sqrt{3} \text{ cm}^2$
   $a = \dfrac{3 \cdot 4{,}8 \text{ cm}}{\sqrt{3}}$ $h = 7{,}20 \text{ cm}$ $A = 29{,}90 \text{ cm}^2$
   $a = 8{,}31 \text{ cm}$

Viereckskonstruktionen

Zur Konstruktion eines allgemeinen Vierecks benötigt man fünf Bestimmungsstücke. Zuerst wird aus drei Bestimmungsstücken ein Teildreieck konstruiert, mit den restlichen beiden Angaben erhält man dann die 4. Ecke des Vierecks.

Beispiel:
Konstruiere ein Viereck aus a = 5 cm, b = 6 cm, α = 125°, β = 68°, γ = 80°

Planfigur

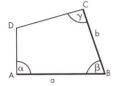

Konstruktionsbeschreibung

1) a → {A;B}
2) An B Winkel β antragen → [BC
3) k (B; b) ∩ [BC = {C}
4) An C Winkel γ antragen → [CD
5) An A Winkel α antragen → [AD
6) [CD ∩ [AD = {D}

Konstruktion

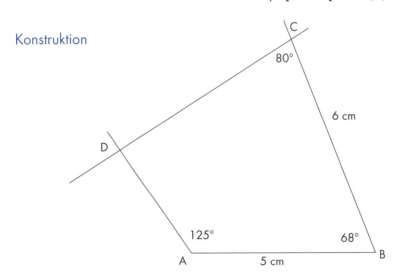

Das „Haus" der Vierecke

Allgemeines Viereck

	Drachen	rechtw. Drachen	Raute	Quadrat	Rechteck	Parallelogramm	gleichsch. Trapez	rechtw. Trapez	Trapez
gleich lange Seiten	2 Paar	2 Paar	alle 4	alle 4	2 Paar	2 Paar	1 Paar		
parallele Seiten			2 Paar	2 Paar	2 Paar	2 Paar	1 Paar	1 Paar	1 Paar
gleich große Winkel	1 Paar	1 Paar 90°	2 Paar	alle 4 90°	alle 4 90°	2 Paar	2 Paar	1 Paar 90°	
Diagonalen	senkrecht	senkrecht	senkrecht	senkrecht					
			halbieren sich	halbieren sich	halbieren sich	halbieren sich			
				gleich lang	gleich lang		gleich lang		
Symmetrien	Achsensymmetrie	Achsensymmetrie	Achsensymmetrie	Achsensymmetrie	Achsensymmetrie		Achsensymmetrie		
			Punktsymmetrie	Punktsymmetrie	Punktsymmetrie	Punktsymmetrie			
			Drehsymmetrie $\alpha = 180°$	Drehsymmetrie $\alpha = 90°$	Drehsymmetrie $\alpha = 180°$	Drehsymmetrie $\alpha = 180°$			
Kreis		Umkreis		Umkreis	Umkreis		Umkreis		
	Inkreis	Inkreis	Inkreis	Inkreis					

Das Quadrat hat sämtliche Eigenschaften von allen Vierecken.

Berechnungen am Viereck

Quadrat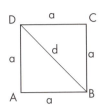

Rechteck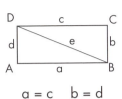
$a = c \quad b = d$

Parallelogramm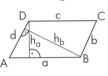
$a = c \quad b = d$

Raute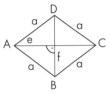

Flächeninhalt:
$A = a \cdot a = a^2$

Flächeninhalt:
$A = a \cdot b$

Flächeninhalt:
$A = a \cdot h_a$
$A = b \cdot h_b$

Flächeninhalt:
$A = \frac{1}{2} \cdot e \cdot f$

Umfang:
$U = 4 \cdot a$

Umfang:
$U = 2 \cdot a + 2 \cdot a$

Umfang:
$U = 2 \cdot a + 2 \cdot b$

Umfang:
$A = 4 \cdot a$

Diagonale:
$d = a \sqrt{2}$

Diagonale:
$e = \sqrt{a^2 + b^2}$

Trapez
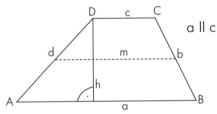
a ∥ c
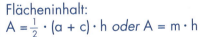

Drachenviereck
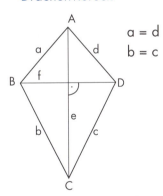
$a = d$
$b = c$

Flächeninhalt:
$A = \frac{1}{2} \cdot (a + c) \cdot h$ *oder* $A = m \cdot h$

Mittellinie m:
$m = \frac{1}{2} \cdot (a + c)$

Umfang:
$U = a + b + c + d$

Flächeninhalt:
$A = \frac{1}{2} \cdot e \cdot f$

Umfang:
$U = 2 \cdot a + 2 \cdot b$

Beispiel:

Ein Trapez mit der Seitenlänge a = 9,6 cm und der Höhe h = 4,2 cm besitzt die Fläche A = 34,6 cm².
Berechne die Seite c (c ∥ a) und die Mittellinie m.

1. Möglichkeit

$A = m \cdot h \quad /:h$

$m = \frac{A}{h}$

$m = \frac{34,6 \text{ cm}^2}{4,2 \text{ cm}}$

$m = 8,24 \text{ cm}$

$m = \frac{1}{2}(a + c) \quad /\cdot 2$

$2m = a + c \quad /-a$

$c = 2m - a$

$c = 2 \cdot 8,24 \text{ cm} - 9,6 \text{ cm}$

$c = 6,88 \text{ cm}$

2. Möglichkeit

$A = \frac{1}{2}(a + c) \cdot h \quad /\cdot 2$

$2A = (a + c) \cdot h \quad /:h$

$\frac{2 \cdot A}{h} = a + c \quad /-a$

$c = \frac{2 \cdot A}{h} - a$

$c = \frac{2 \cdot 34,6 \text{ cm}^2}{4,2 \text{ cm}} - 9,6 \text{ cm}$

$c = 6,88 \text{ cm}$

$m = \frac{1}{2}(a + c)$

$m = \frac{1}{2}(9,6 \text{ cm} + 6,88 \text{ cm})$

$m = 8,24 \text{ cm}$

Berechnungen an regelmäßigen Vielecken

Ein Vieleck mit gleichlangen Seiten und gleichgroßen Innenwinkeln heißt regelmäßig. Ein regelmäßiges Vieleck besitzt stets einen Umkreis.

Regelmäßiges n-Eck

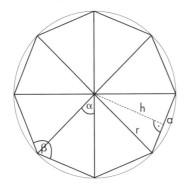

n: Anzahl der Ecken
a: Seitenlänge
β: Innenwinkel
α: Mittelpunktswinkel
r: Radius des Umkreises bzw. Schenkellänge eines Teildreiecks
h: Radius des Inkreises bzw. Höhe eines Teildrecks

Seitenlänge:
$a = 2 \cdot r \cdot \sin \frac{\alpha}{2}$
$a = 2 \cdot h \cdot \tan \frac{\alpha}{2}$
$a = 2 \cdot \sqrt{r^2 - h^2}$

Winkel:
$\alpha = \frac{360°}{n}$
$\alpha = 180° - \beta$
$\beta = 180° - \alpha$

Fläche:
$A = n \cdot \frac{1}{2} a \cdot h$
$A = n \cdot \frac{1}{2} r^2 \cdot \sin \alpha$
$A = n \cdot \frac{1}{2} r^2 \cdot \sin(180° - \beta)$
$A = n \cdot \frac{1}{2} a \sqrt{4r^2 - a^2}$

Inkreisradius:
$h = r \cdot \cos \frac{\alpha}{2}$
$h = \frac{a}{2 \cdot \tan \frac{\alpha}{2}}$
$h = \frac{1}{2} \cdot \sqrt{4r^2 - a^2}$

Umkreisradius:
$r = \frac{1}{2} \sqrt{a^2 + 4h^2}$

Regelmäßiges Sechseck

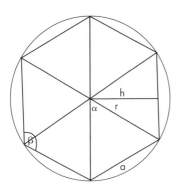

$\alpha = 60°$ $\beta = 120°$ $r = a$

$h = \frac{a}{2}\sqrt{3}$ $A = \frac{3}{2} a^2 \sqrt{3}$

Beispiel:

Ein regelmäßiges 15-Eck besitzt den Umkreisradius r = 6 cm.
Berechne das Maß eines Innenwinkels, den Inkreisradius, die Seitenlänge und den Flächeninhalt.

$\alpha = \frac{360°}{15}$

$\alpha = 24°$

$\beta = 180° - 24°$

$\beta = 156°$ (Innenwinkel)

$a = 2 \cdot 6 \text{ cm} \cdot \sin 12°$

$a = 2{,}49 \text{ cm}$

$h = 6 \text{ cm} \cdot \cos 12°$

$h = 5{,}87 \text{ cm}$

$A = 15 \cdot \frac{1}{2} \cdot 2{,}49 \text{ cm} \cdot 5{,}87 \text{ cm}$

$A = 109{,}62 \text{ cm}^2$

oder: $A = 15 \cdot \frac{1}{2} \cdot 6^2 \cdot \sin 24° \text{ cm}^2$

$A = 109{,}82 \text{ cm}^2$

Die unterschiedlichen Werte entstehen durch das Runden der Zwischenergebnisse!

Berechnungen an Körpern

Würfel

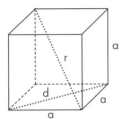

Quader

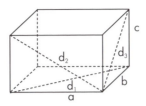

Prisma

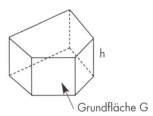

Grundfläche G

Volumen:
$V = a \cdot a \cdot a = a^3$

Oberfläche:
$O = 6 \cdot a^2$

Flächendiagonale:
$d = a\sqrt{2}$

Raumdiagonale:
$d = a\sqrt{3}$

Volumen:
$V = a \cdot b \cdot c$

Oberfläche:
$U = 2 \cdot (a \cdot b + a \cdot c + b \cdot c)$

Flächendiagonalen:
$d_1 = \sqrt{a^2 + b^2}$
$d_2 = \sqrt{a^2 + c^2}$
$d_3 = \sqrt{b^2 + c^2}$

Raumdiagonale:
$r = \sqrt{a^2 + b^2 + c^2}$

Volumen:
$V = G \cdot h$

Mantel M = Summe der Seitenflächen:
$M = U_G \cdot h$

Oberfläche:
$O = 2 \cdot G + M$

Beispiel:

Ein Quader mit den Kantenlängen a = 4 cm und b = 3 cm hat das Volumen V = 60 cm³.
Berechne c, r und O.

$V = a \cdot b \cdot c \quad / : (a \cdot b)$
$c = \frac{V}{a \cdot b}$
$c = \frac{60 \text{ cm}^3}{4 \text{ cm} \cdot 3 \text{ cm}}$
$c = 5$ cm

$r = \sqrt{a^2 + b^2 + c^2}$
$r = \sqrt{4^2 + 3^2 + 5^2}$ cm
$r = 7{,}07$ cm
$O = 2 \cdot (a \cdot b + a \cdot c + b \cdot c)$
$O = 2 \cdot (4 \cdot 3 + 4 \cdot 5 + 3 \cdot 5)$ cm²
$O = 94$ cm²

Zylinder

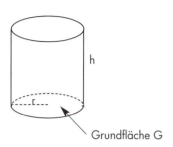

Grundfläche G

Volumen:
$V = G \cdot h$ oder $V = r^2 \cdot \pi \cdot h$

Grundfläche:
$G = r^2 \cdot \pi$

Mantel:
$M = 2 \cdot r \cdot \pi \cdot h$

Oberfläche:
$O = 2 \cdot G + M$
oder
$O = 2 \cdot r^2 \cdot \pi + 2 \cdot r \cdot \pi \cdot h$
oder
$O = 2r\pi \cdot (r + h)$

Netzabwicklung:

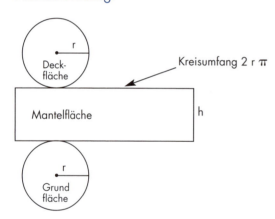

Beispiel:

Ein Zylinder mit dem Radius r = 4 cm hat das Volumen V = 244 cm³.
Berechne die Mantelfläche M.
Zuerst muss die Höhe h errechnet werden:

$V = r^2 \pi \cdot h \quad /: (r^2\pi)$

$h = \dfrac{V}{r^2 \pi}$

$h = \dfrac{244 \text{ cm}^3}{(4 \text{ cm})^2 \cdot \pi}$

$M = 2r\pi \cdot h$
$M = 2 \cdot 4 \text{ cm} \cdot 3{,}14 \cdot 4{,}86 \text{ cm}$
$M = 122{,}08 \text{ cm}²$

h = 4,85 cm (mit der Taste π berechnet; rechnet man mit π = 3,14,
     so ergibt sich h = 4,86 cm)

Pyramide, Kegel und Kugel
Pyramide

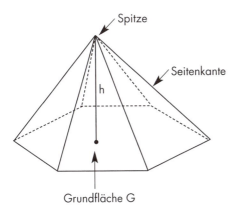

Mantel: Summe der Seitenflächen:
$M = A_1 + A_2 + \ldots + A_n$
Die Seitenflächen sind Dreiecke.

Oberfläche:
$O = G + M$

Volumen:
$V = \frac{1}{3} \cdot G \cdot h$

Gerader Kreiskegel
„Gerade" bedeutet: Die Spitze liegt über dem Mittelpunkt der Grundfläche.

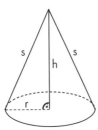

Oberfläche:
$O = r \cdot \pi \, (r + s)$

Volumen:
$V = \frac{1}{3} \cdot r^2 \cdot \pi \cdot h$

r: Grundflächenradius
h: Höhe   s: Mantellinie
b: Bogenlänge
α: Mittelpunktswinkel

„Aufgeschnittener" Kegelmantel:

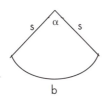

Mantel:
$M = r \cdot \pi \cdot s$ oder $M = \frac{s^2 \cdot \pi \cdot \alpha}{360°}$
$b = 2 \cdot r \cdot \pi$
$s = \sqrt{r^2 + h^2}$
$\alpha = \frac{r}{s} \cdot 360°$

Kugel

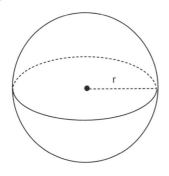

Oberfläche:
$O = 4 \cdot r^2 \cdot \pi$

Volumen:
$V = \frac{4}{3} \cdot r^3 \cdot \pi$

Beispiel:

Ein Kegel K_1 hat die Maße $r_1 = 5$ cm und $h_1 = 7,5$ cm. Bei einem zweiten Kegel K_2 sind Radius und Höhe doppelt so lang.
Ist auch das Volumen doppelt so groß?

<table>
<tr><td>Kegel K_1</td><td>Kegel K_2</td></tr>
<tr><td>$V_1 = \frac{1}{3} \cdot 5^2 \cdot 3,14 \cdot 7,5$ cm³</td><td>$V_2 = \frac{1}{3} \cdot 10^2 \cdot 3,14 \cdot 15$ cm³</td></tr>
<tr><td>$V_1 = 196,25$ cm³</td><td>$V_2 = 1570$ cm³</td></tr>
</table>

1570 cm³ : 196,25 cm³ = 8

Der zweite Kegel K_2 hat das 8-fache Volumen.

Spezielle Pyramiden
Tetraeder („Vierflächner")

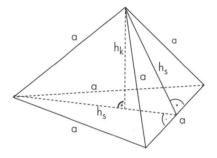

Alle Kanten sind gleich lang.

Das Tetraeder ist eine Pyramide mit vier kongruenten (deckungsgleichen) gleichseitigen Dreiecken.

Höhe h_s einer Seitenfläche:

$$h_s = \frac{a}{2}\sqrt{3}$$

Höhe h_K des Tetraeders:

$$h_K = \frac{a}{3}\sqrt{6}$$

$$V = \frac{a^3}{12}\sqrt{2} \qquad O = a^2\sqrt{3}$$

Oktaeder („Achtflächner")

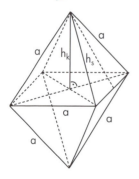

Alle Kanten sind gleich lang.

Das Oktaeder ist eine „Doppelpyramide" mit acht kongruenten (deckungsgleichen) gleichseitigen Dreiecken.

Höhe h_s einer Seitenfläche:

$$h_s = \frac{a}{2}\sqrt{3}$$

Höhe h_K einer „Teilpyramide":

$$h_K = \frac{a}{2}\sqrt{2}$$

$$V = \frac{a^3}{3}\sqrt{2} \qquad O = 2a^2\sqrt{3}$$

Pyramidenstumpf

Die beiden Grundflächen G_1 und G_2 sind zueinander parallel und ähnlich.

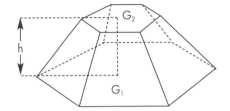

Allgemeiner Pyramidenstumpf

$V = \tfrac{1}{3}h \cdot (G_1 + \sqrt{G_1 \cdot G_2} + G_2)$

$O = G_1 + G_2 + M$

Quadratischer Pyramidenstumpf

$V = \tfrac{1}{3}h \cdot (a_1^2 + a_1 \cdot a_2 + a_2^2)$

$M = 2(a_1 + a_2) \cdot h_s$

$O = a_1^2 + 2 \cdot (a_1 + a_2) \cdot h_s + a_2^2$

Gerader Kegelstumpf

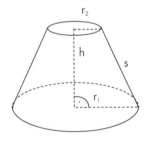

$V = \tfrac{1}{3}\pi \cdot h \cdot (r_1^2 + r_1 r_2 + r_2^2)$

$M = \pi_2 (r_1 + r_2)$

$O = [r_1^2 + s \cdot (r_1 + r_2) + r_2^2] \cdot \pi$

$s^2 = (r_2 - r_1)^2 + h^2$

Beispiel:

Ein gerader Kegelstumpf hat folgende Maße: $r_1 = 7$ cm, $d_2 = 8$ cm, $s = 5$ cm
Berechne das Volumen und die Oberfläche.

$d_2 = 8$ cm → $r_2 = 4$ cm
$r_1 - r_2 = 3$ cm

$V = \tfrac{1}{3}\pi \cdot h\,(r_1^2 + r_1 r_2 + r_2^2)$ cm³
$V = \tfrac{1}{3}\pi \cdot 4\,(7^2 + 7 \cdot 4 + 4^2)$ cm³
$V = 389{,}56$ cm³

$s^2 = (r_2 - r_1)^2 + h^2$ cm²
$5^2 = 3^2 + h^2$ cm²
$h^2 = 25 - 9$ cm²
$h = 4$ cm

Tastenfolgen am eTR:

| 1 | ÷ | 3 | × | π | × | 4 | × | (| 7 | x² | + | 7 | × | 4 | + | 4 | x² |) | = |

$O = [r^2 + s \cdot (r_1 + r_2) + r_2^2] \cdot \pi$ cm²
$O = [7^2 + 5 \cdot (7 + 4) + 4^2] \cdot \pi$ cm²
$O = 376{,}99$ cm²

Zusammengesetzte Körper

Zusammengesetzte Körper müssen in berechenbare Teilkörper zerlegt werden.

Beispiel:

Auf der Deckfläche eines Quaders mit der Kantenlänge 4 cm liegt eine Halbkugel. Aus der Grundfläche wurde ein Kegel herausgefräst, dessen Spitze in der Mitte des Quaders liegt (siehe Skizze). Berechne Volumen V_G und Oberfläche O_G des Gesamtkörpers.

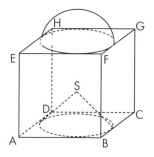

W = Würfel HK_u = Halbkugel   Ke = Kegel $r_{HKu} = r_{Ke}$ = 2 cm h_{Ke} = 2 cm

Lösung:

$V_G = V_W + V_{HKu} - V_{Ke}$

$V_W = 4^3$ cm³ $V_{HKu} = \frac{1}{2} \cdot \frac{4}{3} 2^3 \cdot 3{,}14$ cm³ $V_{Ke} = \frac{1}{3} \cdot 2^2 \cdot 3{,}14 \cdot 2$ cm³

$V_W = 64$ cm³ $V_{HKu} = 16{,}75$ cm³ $V_{Ke} = 8{,}37$ cm³

$V_G = 64$ cm³ + 16,75 cm³ − 8,37 cm³
$V_G = 72{,}38$ cm³

$O_G = O_W + O_{HKu} + M_{Ke} - 2 \cdot A_{Kreis}$

$O_W = 6 \cdot 4^2$ cm² $O_{HKu} = \frac{1}{2} \cdot 4 \cdot 2^2 \cdot 3{,}14$ cm³ $M_{Ke} = r \cdot \pi \cdot s$

$O_W = 144$ cm² $O_{HKu} = 25{,}12$ cm² $M_{Ke} = 2 \cdot 3{,}14 \cdot 2{,}83$ cm²

                                                         $M_{Ke} = 17{,}77$ cm²

$s^2 = r^2 + h^2$ cm² $A_K = 2^2 \cdot 3{,}14$ cm²
$s^2 = 2^2 + 2^2$ cm² $A_K = 12{,}56$ cm²
$s = \sqrt{8} = 2{,}83$ cm

$O_G = 144$ cm² + 25,12 cm² + 17,77 cm² − 2·12,56 cm²
$O_G = 161{,}77$ cm²

Schrägbilder

Grundsätzlich gilt:

> Alle Strecken, die *parallel* zur Zeichenebene (Rissebene) liegen, werden in *wahrer Länge* dargestellt.
> Alle Strecken, die *senkrecht* zur Rissebene liegen, werden *verkürzt* und *schräg* dargestellt.

Die Schrägdarstellung mit dem Verkürzungsmaßstab $q = \frac{1}{2}$ und dem Verzerrungswinkel $\omega = 45°$ nennt man Kavalierperspektive.

Zeichenschritte:

① Festlegen der Rissachse und der hinteren Körperkante in wahrer Größe.
② Die zur hinteren Kante senkrechten Strecken werden mit dem Verzerrungswinkel ω und dem Verkürzungsmaßstab q gezeichnet. Die Punkte der Grundfläche verbinden.
③ Senkrechte Seitenkanten bzw. die Höhe in wahrer Länge zeichnen.
④ Alle Punkte nach Vorschrift verbinden.
⑤ Um die räumliche Wirkung zu verstärken, können die unsichtbaren Kanten „gestrichelt" gezeichnet werden.

Beispiel:

Zeichne das Schrägbild einer Pyramide ABCS mit quadratischer Grundfläche ($\overline{AB} = 4$ cm) und der Höhe h = 5 cm. Die Spitze S liegt senkrecht über dem Mittelpunkt der Grundfläche.
Verzerrungswinkel $\omega = 45°$, Verkürzungsmaßstab $q = \frac{1}{2}$.

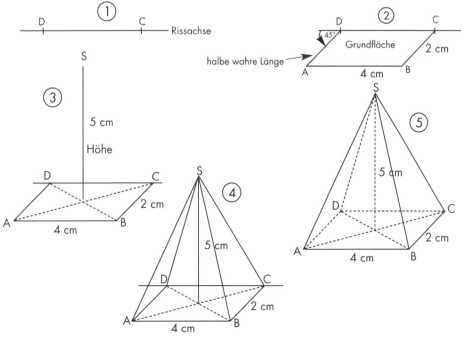

Berechnungen am Kreis

Kreis

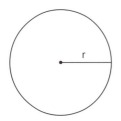

Fläche:
$A = r^2 \cdot \pi$

Umfang:
$U = 2 \cdot r \cdot \pi$
$\pi \approx 3{,}14$

Kreissektor (Kreisausschnitt)

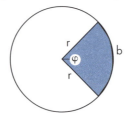

Sektorfläche:
$A = \dfrac{r^2 \cdot \pi \cdot \varphi}{360°}$
$A = \dfrac{1}{2} r \cdot b$

Bogenlänge:
$b = \dfrac{2 \cdot r \cdot \pi \cdot \varphi}{360°}$

Kreisring

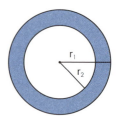

Fläche:
$A = r_1^2 \cdot \pi - r_2^2 \cdot \pi$

Kreissegment (Kreisabschnitt)

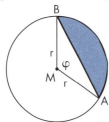

Segmentfläche:
$A = A_{SektorMAB} - A_{\triangle MAB}$
$A = \dfrac{r^2 \cdot \pi \cdot \varphi}{360°} - \dfrac{1}{2} r^2 \cdot \sin \varphi$
$A = \dfrac{1}{2} r^2 \left(\dfrac{\pi \cdot \varphi}{180°} - \sin \varphi \right)$

Beispiele:

1.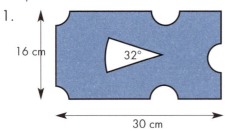

Aus einer Aluminiumplatte soll ein Werkstück hergestellt werden (die Skizze ist nicht maßstabsgetreu). Die Radien r_1 der Kreisbögen am Rand sind 3 cm lang, der Radius r_2 des Kreisbogens in der Mitte ist 9 cm lang.

a) Berechne den Flächeninhalt des Werkstücks.
b) Berechne die Länge aller Kanten, die das Werkstück begrenzen.
c) Wie viel Prozent der ursprünglichen Platte sind Abfall?
Runde alle Ergebnisse auf 2 Stellen!

Lösung:

a) $A_W = A_{Platte} - 3 \cdot A_{Halbkreis} - 2 \cdot A_{Viertelkreis} - A_{Sektor}$

$A_P = 16\,cm \cdot 30\,cm$ $\qquad\qquad A_{VK} = \frac{1}{4} \cdot 3^2 \cdot 3{,}14\,cm^2$

$A_P = 480\,cm^2$ $\qquad\qquad\qquad A_{VK} = 7{,}07\,cm^2$

$A_{HK} = \frac{1}{2} \cdot 3^2 \cdot 3{,}14\,cm^2$ $\qquad A_S = \frac{32°}{360°} \cdot 9^2 \cdot 3{,}14\,cm^2$

$A_{HK} = 14{,}13\,cm^2$ $\qquad\qquad\quad A_S = 22{,}61\,cm^2$

$A = 480\,cm^2 - 3 \cdot 14{,}13\,cm^2 - 2 \cdot 7{,}07\,cm^2 - 2 \cdot 22{,}61\,cm^2$

$A = 400{,}86\,cm^2$ (Flächeninhalt des Werkstücks)

b) $U = U_P - 10 \cdot r_1 + 3 \cdot b_{HK} + 2 \cdot b_{VK} + 2 \cdot r_2 + b_S\,cm$

$U_P = 2 \cdot (16 + 30)\,cm = 92\,cm$ $\qquad b_{VK} = \frac{2 \cdot 3 \cdot 3{,}14 \cdot 90°}{360°}\,cm = 4{,}71\,cm$

$b_{HK} = \frac{2 \cdot 3 \cdot 3{,}14 \cdot 180°}{360°}\,cm = 9{,}42\,cm$ $\qquad b_S = \frac{2 \cdot 9 \cdot 3{,}14 \cdot 32°}{360°}\,cm = 5{,}02\,cm$

$U = 92\,cm - 10 \cdot 3\,cm + 3 \cdot 9{,}42\,cm + 2 \cdot 4{,}71\,cm + 2 \cdot 9\,cm + 5{,}02\,cm$

$U = 122{,}7\,cm$ (Länge aller Kanten)

c) Abfall: $3 \cdot 14{,}13\,cm^2 + 2 \cdot 7{,}07\,cm^2 + 22{,}61\,cm^2 = 79{,}14\,cm^2$

$GW = 480\,cm^2 \qquad PW = 79{,}14\,cm^2$

$480\,cm^2 \mathrel{\triangleq} 100\,\%$

$79{,}14\,cm^2 \mathrel{\triangleq} \frac{100\,\% \cdot 79{,}14}{480} = 16{,}49\,\%$

Der Abfall beträgt 16,49 %.

2. Berechne die Fläche eines Kreissegments, wenn gilt:

$r = 4{,}5\,cm \qquad \varphi = 75°$

$A = \frac{4{,}5^2 \cdot 3{,}14 \cdot 75°}{360°} - \frac{1}{2} \cdot 4{,}5^2 \cdot \sin 75°\,cm^2$

$A = \quad 13{,}25 \quad - \quad 9{,}78\,cm^2$

$A = 3{,}47\,cm^2$

oder:

$A = \frac{1}{2} \cdot 4{,}5^2 \left(\frac{3{,}14 \cdot 75°}{180°} - \sin 75° \right) cm^2$

$A = 3{,}47\,cm^2$

Winkelbeziehungen am Kreis

Umfangswinkel (Randwinkel)

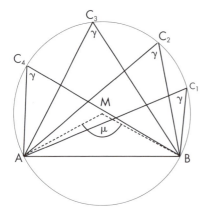 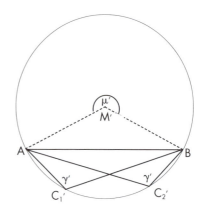

$\mu = 2 \cdot \gamma$

$\gamma + \gamma' = 180°$
$\mu + \mu' = 360°$

$\mu' = 2\gamma'$

γ, γ' = Umfangswinkel (Randwinkel)
μ, μ' = Mittelpunktswinkel

Alle Umfangswinkel (γ bzw. γ') über einer Sehne [AB] haben das gleiche Maß. Der Mittelpunktswinkel (μ bzw. μ') ist doppelt so groß wie der zugehörige Umfangswinkel.

Beispiel:

Ein Mittelpunktswinkel und sein zugehöriger Umfangswinkel sind zusammen 103,8°. Berechne die Maße der beiden Winkel.

$\mu = 2\gamma$ → $2\gamma + \gamma = 103{,}8°$
$\mu + \gamma = 103{,}8°$ $\quad\quad 3\gamma = 103{,}8°\ /:3$
$\quad\quad\quad\quad\quad\quad\quad\quad \gamma = 34{,}6° \rightarrow \mu = 69{,}2°$

Der Umfangswinkel hat das Maß 34,6°, der Mittelpunktswinkel hat das Maß 69,2°.

Thaleskreis (Satz des Thales*)

Die Sehne [AB] ist Durchmesser des Kreises.

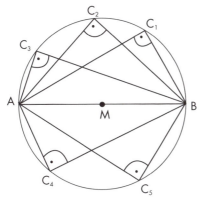

Alle Punkte C auf dem Kreisbogen bilden mit dem Durchmesser [AB] rechtwinklige Dreiecke mit [AB] als Hypotenuse.

Beispiel:

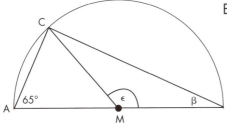

Berechne das Maß des Winkels ε.

$\beta = 180° - 90° - 65°$ (Winkelsumme im Dreieck)

$\beta = 25°$

→ ∢ MCB = 25° (weil das Dreieck MBC gleichschenklig ist mit den $\overline{MB} = \overline{MC}$)

$\varepsilon = 180° - 2 \cdot 25°$ (Winkelsumme im Dreieck)

$\varepsilon = 130°$

---

* Thales von Milet, griechischer Mathematiker um 600 v. Chr.

Kreis und Gerade

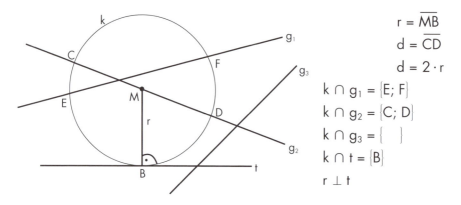

$r = \overline{MB}$
$d = \overline{CD}$
$d = 2 \cdot r$
$k \cap g_1 = \{E; F\}$
$k \cap g_2 = \{C; D\}$
$k \cap g_3 = \{\ \}$
$k \cap t = \{B\}$
$r \perp t$

Bezeichnungen		Kennzeichen
g_1	Sekante	Die Sekante schneidet dem Kreis in zwei Punkten.
g_2	Zentrale	Die Zentrale ist eine Sekante, die durch den Mittelpunkt verläuft.
g_3	Passante	Die Passante hat mit dem Kreis keine Schnittpunkte.
t	Tangente	Die Tangente berührt den Kreis in einem Punkt.
[EF]	Sehne	Die Sehne ist der Teil einer Sekante, der innerhalb des Kreises liegt.
[CD]	Durchmesser d	Der Durchmesser ist die längste Sehne.
[MB]	Radius r	Der Radius ist die Entfernung aller Kreispunkte vom Mittelpunkt

Tangentenkonstruktionen

Tangenten an einen Kreis

1. Fall: Die Tangente verläuft durch einen Punkt P auf der Kreislinie k.

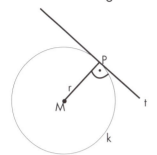

Konstruktionsbeschreibung:
- P mit M verbinden → [MP]
- Senkrechte zu [MP] durch P → t

2. Fall: Die Tangente verläuft durch einen Punkt P außerhalb des Kreises

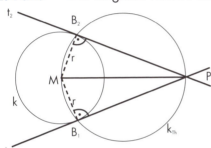

Konstruktinsbeschreibung:
- P mit M verbinden → [MP]
- Thaleskreis k_{Th} über [MP] zeichnen
- $k_{Th} \cap k = \{B_1; B_2\}$
- $t_1 = PB_1$; $t_2 = PB_2$

> Tangente und zugehöriger Radius („Berührungsradius") stehen stets aufeinander senkrecht:
> $$r \perp t$$

Tangenten an *zwei* Kreise

Gemeinsame „äußere" Tangenten an zwei verschieden große Kreise k_1 (M_1; r_1) und k_2 (M_2; r_2) $r_2 < r_1$.

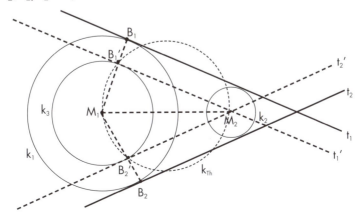

Konstruktionsbeschreibung:
- Zeichnen eines Kreises k_3 (M_1; r_3) mit $r_3 = r_1 - r_2$
- Thaleskreis k_{Th} über [$M_1 M_2$]
- $k_{Th} \cap k_3 = \{B_1'; B_2'\}$
- $M_2 B_1' = t_1'$ und $M_2 B_2' = t_2'$
- [$M_1 B_1'$] $\cap k_1 = \{B_1\}$ und [$M_1 B_2'$] $k_1 = \{B_2\}$
- Die Parallelen zu t_1' durch B_1 und zu t_2' durch B_2 ergeben die gesuchten Tangenten t_1 und t_2.

Gemeinsame „innere" Tangenten an zwei verschieden große Kreise k_1 (M_1; r_2) und k_2 (M_2; r_2).

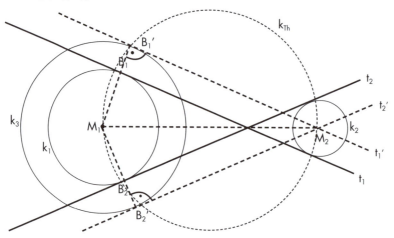

Konstruktionsbeschreibung:
- Zeichnen eines Kreises k_3 (M_1; r_3) mit $r_3 = r_1 + r_2$
- Thaleskreis k_{Th} über [$M_1 M_2$]
- $k_{Th} \cap k_3 = \{B_1'; B_2'\}$
- $M_2 B_1' = t_1'$ und $M_2 B_2' = t_2'$
- [$M_1 B_1'$] $\cap k_1 = \{B_1\}$ und [$M_1 B_2'$] $\cap k_1 = \{B_2\}$
- Die Parallelen zu t_1' durch B_1 und zu t_2' durch B_2 ergeben die gesuchten Tangenten t_1 und t_2.

Zentrische Streckung und Ähnlichkeit

Grundlagen

Streckungszentrum Z, Urpunkt P und Bildpunkt P' liegen auf einer Geraden

Es gilt stets:

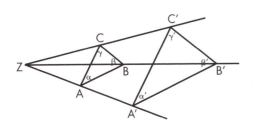

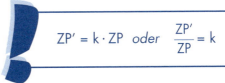

$$ZP' = k \cdot ZP \quad oder \quad \frac{ZP'}{ZP} = k$$

Z: Streckungszentrum
P: Urpunkt
P': Bildpunkt
k: Streckungsfaktor
(wird oft als Bruch $\frac{m}{n}$ angegeben)

Urbild $\xrightarrow{Z;\ k}$ Abbild

k > 1 → Vergrößerung
k < 1 → Verkleinerung

Eigenschaften der zentrischen Streckung

siehe Zeichnung!

– Strecke und Bildstrecke sind zueinander parallel.   → z. B. [AB] ∥ [A'B']
– Winkel und Bildwinkel sind gleich groß.   → z. B. α = α'
– Die Bildstrecke hat die k-fache Länge der Urstrecke.   → z. B. $\overline{A'B'} = k \cdot \overline{AB}$
– Urbild und Abbild sind zueinander ähnlich.   → △ABC ~ △A'B'C'

Die zentrische Streckung ist eine Ähnlichkeitsabbildung (Achsenspiegelung, Punktspiegelung, Drehung und Verschiebung sind Kongruenzabbildungen).

Beispiel:

Ein Dreieck ABC mit a = 6 cm, b = 4,5 cm und c = 8,2 cm wird mit k = 1,5 zentrisch gestreckt. Berechne die Seitenlängen des Bilddreiecks A'B'C'.

a' = 1,5 · 6 cm   b' = 1,5 · 4,5 cm   c' = 1,5 · 8,2 cm
a' = 9 cm   b' = 6,75 cm   c' = 12,3 cm

Ähnlichkeit

Bei der zentrischen Streckung entstehen ähnliche Figuren.

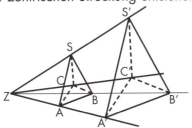

△ABS ~ △A'B'S'
Pyramide ABCS ~ Pyramide A'B'C'S'

Für eine zentrische Streckung mit dem Streckungsfaktor k gilt:

Der Flächeninhalt A′ der Bildfigur hat die k^2-fache Größe des Flächeninhalts A der Urfigur.

$A' = k^2 \cdot A$

Das Volumen V′ der Bildfigur hat die k^3-fache Größe des Volumens V der Urfigur.

$V' = k^3 \cdot V$

Beispiel:

Bei einer zentrischen Streckung mit dem Streckungsfaktor k = 2 wird ein Würfel W auf einen Würfel W′ abgebildet, der ein Volumen V′ = 512 cm³ hat. Berechne das Maß einer Seitenfläche des Würfels W!

$V' = k^3 \cdot V$ $V = a^3$ $V = 64$ cm³

512 cm³ $= 2^3 \cdot V \;/: 2^3$

$V = \frac{512}{8}$ cm³

$V = 64$ cm³

$a^3 = 64$ cm³

$a = \sqrt[3]{64}$ cm

$a = 4$ cm $(4 \cdot 4 \cdot 4 = 64)$

$A = 4^2$ cm²

$A = 16$ cm²

Die Seitenfläche des Würfels W beträgt 16 cm².

Ähnliche Dreiecke

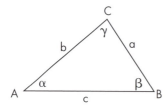
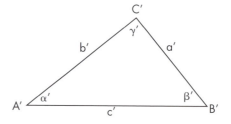

1. Stimmen zwei Dreiecke in den Maßen von zwei Winkeln überein, dann sind sie zueinander ähnlich.

   $\alpha = \alpha'$ $\beta = \beta'$ ⟷ $\triangle ABC \sim \triangle A'B'C'$

2. Stimmen zwei Dreiecke im Verhältnis entsprechender Seitenlängen überein, dann sind sie zueinander ähnlich.

   $\frac{a}{b} = \frac{a'}{b'}$ $\frac{a}{c} = \frac{a'}{c'}$ $\frac{b}{c} = \frac{b'}{c'}$ ⟷ $\triangle ABC \sim \triangle A'B'C'$

Beispiel:

In zwei ähnlichen Dreiecken gilt: a = 2,25 cm, b = 1,5 cm, b' = 4 cm.

a) Berechne a'.
b) Berechne den Streckungsfaktor k.

Lösung

a) $\dfrac{a'}{a} = \dfrac{b'}{b}$

$\dfrac{a'}{2,25 \text{ cm}} = \dfrac{4 \text{ cm}}{1,5 \text{ cm}}$ /• 2,25 cm

$a' = \dfrac{4 \text{ cm} \cdot 2,25 \text{ cm}}{1,5 \text{ cm}}$

$a' = 6 \text{ cm}$

b) $k = \dfrac{a'}{a}$

$k = \dfrac{6 \text{ cm}}{2,25 \text{ cm}}$

gekürzt mit 0,25 ↙   ↘ mit dem Taschenrechner

$k = \dfrac{24}{9}$ oder k = 2,67

$k = \dfrac{8}{3}$

Der Strahlensatz (Vierstreckensatz)

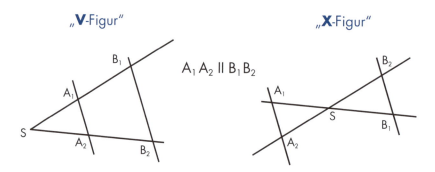

Die Strahlensätze gelten für beide Figuren.

1. Strahlensatz (die Strecken liegen nur auf den beiden Strahlen)

$\overline{SA_1} : \overline{SB_1} = \overline{SA_2} : \overline{SB_2}$

$\overline{SA_1} : \overline{A_1B_1} = \overline{SA_2} : \overline{A_2B_2}$

Werden zwei Strahlen von parallelen Geraden geschnitten, so verhalten sich beliebige Strecken auf den einen Strahl wie die **entsprechenden** Strecken auf den anderen Strahl.

2. Strahlensatz (die Strecken liegen auf einem Strahl und den beiden Parallelen)

$\overline{SA_1} : \overline{SB_1} = \overline{A_1A_2} : \overline{B_1B_2}$

$\overline{SA_2} : \overline{SB_2} = \overline{A_1A_2} : \overline{B_1B_2}$

Werden zwei Strahlen von parallelen Geraden geschnitten, so verhalten sich die beiden parallelen Strecken wie die **zugehörigen** Scheitelstrecken[*].

---

[*] Scheitelstrecke ist die Streckenlänge vom Schnittpunkt S der beiden Geraden bis zum Schnittpunkt der Geraden mit den Parallelen.

Beispiele:

1) Berechne $\overline{PR}$!

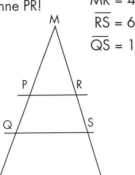

$\overline{MR}$ = 4 cm
$\overline{RS}$ = 6 cm
$\overline{QS}$ = 12 cm

$$\frac{\overline{PR}}{\overline{QS}} = \frac{\overline{MR}}{\overline{MS}}$$

$$\frac{\overline{PR}}{12 \text{ cm}} = \frac{4 \text{ cm}}{10 \text{ cm}} \quad /\cdot 12 \text{ cm}$$

$$\overline{PQ} = \frac{4 \text{ cm} \cdot 12 \text{ cm}}{10 \text{ cm}}$$

$$\overline{PQ} = 4{,}8 \text{ cm}$$

2) Berechne x!

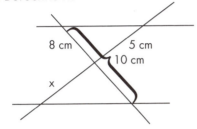

$$\frac{x}{5 \text{ cm}} = \frac{2 \text{ cm}}{8 \text{ cm}} \quad /\cdot 5 \text{ cm}$$

$$x = \frac{2 \text{ cm} \cdot 5 \text{ cm}}{8 \text{ cm}}$$

$$x = 1{,}25 \text{ cm}$$

TIPP: Beginne den Strahlensatz – wenn möglich – mit der gesuchten Strecke, dann wird das Lösen der Gleichung leichter!

Flächensätze am rechtwinkligen Dreieck

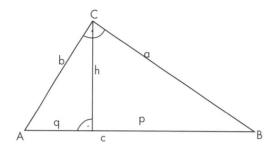

a, b: Katheten
c: Hypotenuse
p, q: Hypotenusenabschnitte
h: Höhe

Satz des Pythagoras[*]

In jedem rechtwinkligem Dreieck ist das Hypotenusenquadrat so groß wie die Summe der beiden Kathetenquadrate.

$$a^2 + b^2 = c^2$$

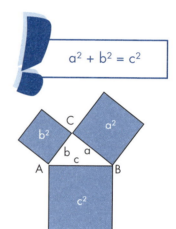

Kathetensatz des Euklid [**]

In jedem rechtwinkligen Dreieck ist das Quadrat über einer Kathete so groß wie das Rechteck (Produkt) aus der Hypotenuse und dem **anliegenden** Hypotenusenabschnitt.

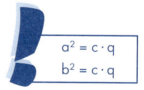

$$a^2 = c \cdot q$$
$$b^2 = c \cdot q$$

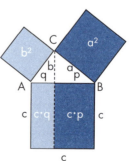

[*] Pythagoras, griechischer Philosoph (570 – 496 v. Chr.)
[**] Euklid, griechischer Mathematiker (etwa 4./3. Jhrh. v. Chr.)

Höhensatz des Euklid

In jedem rechtwinkligen Dreieck ist das Quadrat über der Höhe so groß wie das Rechteck (Produkt) aus den beiden Hypotenusenabschnitten.

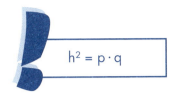

$h^2 = p \cdot q$

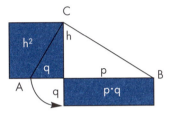

Beispiel:
In einem rechtwinkligen Dreieck ($\gamma = 90°$) gilt:
b = 3 cm   A = 6 cm².
Berechne a, c, p, q, h!

$A = \frac{1}{2} a \cdot b$ $c^2 = a^2 + b^2$ $a^2 = c \cdot p$

$a = \frac{2 \cdot A}{b}$ $c^2 = 4^2 \text{ cm}^2 + 3^2 \text{ cm}^2$ $p = \frac{a^2}{c}$

$a = \frac{2 \cdot 6 \text{ cm}^2}{3 \text{ cm}}$ c = 5 cm $p = \frac{4^2 \text{ cm}^2}{5 \text{ cm}}$

a = 4 cm   p = 3,2 cm

q = c – p
q = 5 cm – 3,2 cm
q = 1,8 cm

$h^2 = p \cdot q$ oder $h^2 = b^2 - q^2$
$h^2 = 3{,}2 \text{ cm} \cdot 1{,}8 \text{ cm}$ $h^2 = 3^2 \text{ cm}^2 - 1{,}8^2 \text{ cm}^2$
$h^2 = 5{,}76 \text{ cm}^2$ $h^2 = 5{,}76 \text{ cm}^2$
h = 2,4 cm   h = 2,4 cm

Berechnungen im Koordinatensystem

Mittelpunkt einer Strecke

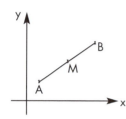

$A\,(x_A/y_A) \quad B\,(x_B/y_B) \quad M\,(x_M/y_M)$

$$x_M = \frac{x_A + x_B}{2}$$

$$y_M = \frac{y_A + y_B}{2}$$

$$M = \left(\frac{x_A + x_B}{2}\,\middle|\,\frac{y_A + y_B}{2}\right)$$

Länge einer Strecke (Entfernung zweier Punkte)

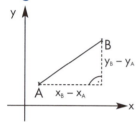

$A\,(x_A/y_A) \quad B\,(x_B/y_B)$

$$\overline{AB} = \sqrt{(x_B - x_A)^2 + (y_B - y_A)^2}$$

Hinweis: Die Reihenfolge der Punkte A und B darf vertauscht werden!

Beispiel:

A (–4/3)   B (6/–8)

Berechne die Koordinaten des Mittelpunktes der Strecke [AB] und die Länge der Strecke.

$x_M = \frac{-4 + 6}{2} = 1 \qquad M\,(1/-2{,}5)$

$y_M = \frac{3 - 8}{2} = -2{,}5$

$\overline{AB} = \sqrt{(6 + 4)^2 + (-8-3)^2}$ cm

$\overline{AB} = \sqrt{10^2 + (-11)^2}$ cm

$\overline{AB} = \sqrt{221}$ cm

$\overline{AB} = 14{,}87$ cm

Die lineare Funktion

Der Graph der linearen Funktion ist eine Gerade.
Eine Gerade kann durch zwei Gleichungsformeln dargestellt werden:

Allgemeine Form   **Normalform**

$ax + by + c = 0$  Umformung $y = mx + t$ m = Steigung
                                                             t = Achsenabschnitt
                                                             (Ordinatenabschnitt)

Beispiel: $3x - 2y - 6 = 0 \longrightarrow -2y = -3x + 6 \;/:(-2)$

$$y = \tfrac{3}{2}x - 3$$

$m = \tfrac{3}{2}$ $t = -3$

Steigende Gerade	**Waagrechte Gerade**	**Fallende Gerade**
m > 0	m = 0	m < 0
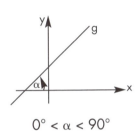	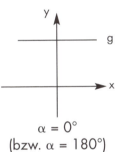	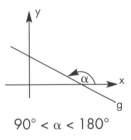
0° < α < 90°	α = 0° (bzw. α = 180°)	90° < α < 180°

Für alle Geraden gilt: $m = \tan \alpha$

Die Steigung kann mit Hilfe eines „Steigungsdreiecks" dargestellt werden.

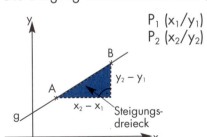

$P_1(x_1/y_1)$
$P_2(x_2/y_2)$

$$m = \frac{y_2 - y_1}{x_2 - x_1} \quad \text{bzw.} \quad m = \frac{y_1 - y_2}{x_1 - x_2}$$

> Die Steigung zwischen zwei Punkten auf einer Geraden ist der Quotient aus der Differenz der y-Werte und der Differenz der x-Werte.

Beispiel:

Bestimme die Steigung zwischen dem Punkten A (−1/2) und B (4/5).

$$m = \frac{5-2}{4-(-1)} = \frac{3}{5}$$

$g_1 \parallel g_2 \leftrightarrow m_1 = m_2$

Zwei Geraden sind parallel, wenn sie die gleiche Steigung haben.

$g_1 \perp g_2 \leftrightarrow$ $m_2 = -\frac{1}{m_1}$ $m_1 \cdot m_2 = -1$

Zwei Geraden stehen aufeinander senkrecht, wenn die eine Steigung der negative Kehrwert der anderen Steigung ist.

Neben der allgemeinen Form und der Normalform einer Geradengleichung gibt es noch die Punkt-Steigungs-Form und die Zwei-Punkte-Form.

Punkt-Steigungs-Form, wobei $P_1 (x_1/y_1)$ ein gegebener Punkt ist.

$$\frac{y - y_1}{x - x_1} = m$$

Zwei-Punkte-Form, wobei $P_1 (x_1/y_1)$ und $P_2 (x_2/y_2)$ zwei gegebene Punkte sind.

$$\frac{y - y_1}{x - x_1} = \frac{y_2 - y_1}{x_2 - x_1}$$

Beispiel:

Bestimme die Gleichung der Geraden g durch die Punkte A (−2/4) und B (2/−3).

$$\frac{y-4}{x+2} = \frac{-3-4}{2+2}$$

$$\frac{y-4}{x+2} = \frac{-7}{4} \quad / \cdot (x+2)$$

$$y - 4 = -\frac{7}{4}(x+2) \quad / +4$$

$$y = -\frac{7}{4}x - \frac{7}{2} + 4$$

g: $\quad y = -\frac{7}{4}x + \frac{1}{2}$

Mit Hilfe des Steigungsdreiecks und des Achsenabschnittes t kann jede Gerade gezeichnet werden. Beachte dabei, dass m stets ein Bruch ist (z. B. m = –0,4 → m = $-\frac{2}{5}$).

1. Schritt: Markierung des Wertes t auf der y-Achse.
2. Schritt: An diesem markierten Punkt wird das Steigungsdreieck nach folgender „Merkregel" angesetzt:

Den „unteren" Wert (Nenner) des Bruches trägt man unten ab,

den „oberen" Wert (Zähler) des Bruches trägt man nach oben ab.

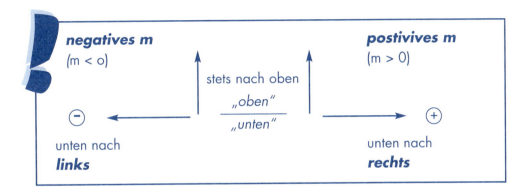

Beispiel:

g: $y = -\frac{3}{4}x + 2$ → t = 2, m = $-\frac{3}{4}$

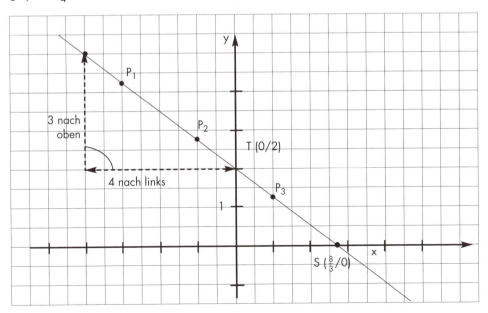

Eine Gerade lässt sich auch mit Hilfe einer Wertetabelle zeichnen.

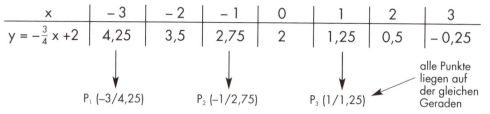

Den Schnittpunkt einer Geraden mit der x-Achse nennt man Nullstelle.
Zur Berechnung setzt man y = 0.

Beispiel: $y = -\frac{3}{4}x + 2 \quad \wedge \quad y = 0$

$$-\frac{3}{4}x + 2 = 0 \;/\; -2$$
$$-\frac{3}{4}x = -2 \;/\; \cdot (-\frac{4}{3})$$
$$x = \frac{8}{3} \rightarrow \quad S(\frac{8}{3}/0)$$

Die Kosten für Strom, Wasser, Gas hängen vom Verbrauch ab. Diesen Zusammenhang kann man mit Hilfe von Geraden graphisch darstellen und auch verschiedene Tarife miteinander vergleichen.

Anwendungsbeispiel:

Die Stadtwerke bieten zwei verschiedene Stromtarife an:
Tarif I: Grundgebühr 14 € und 0,05 € je kWh
Tarif II: Grundgebühr 8 € und 0,08 € je kWh

Löse mit Hilfe einer Zeichnung:
1. Wie viele € kosten 125 kwh beim Tarif II?
2. Wie viele kWh erhält man beim Tarif I für 22 €?
3. Ab welchem Stromverbrauch ist Tarif I der günstigere?
4. Bestimme die Lösungen zu Aufgaben 1 – 3 durch Rechnung!

Lösung:

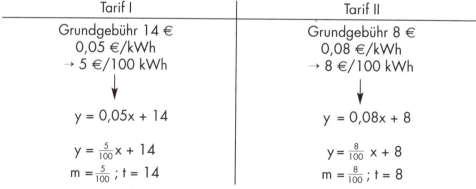

Anzahl der kWh auf der x-Achse: 1 cm ≙ 20 kWh
Anzahl der Euro auf der y-Achse: 1 cm ≙ 2 €

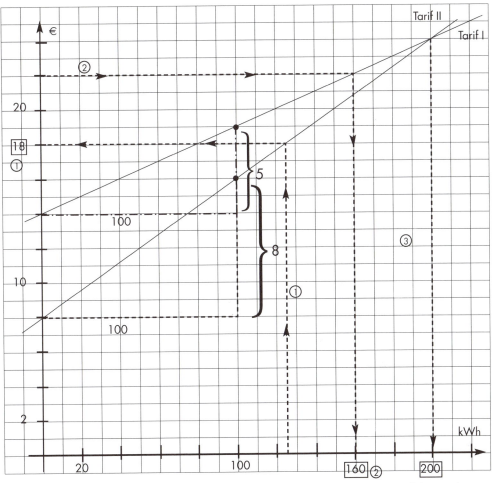

Lösung Nr. 1: Für 125 kWh muss man beim Tarif II 18 € bezahlen (bei 125 kWh auf der x-Achse senkrecht nach oben bis zur Geraden „Tarif II" und dann waagrecht nach links bis zur y-Achse → 18 €).

Lösung Nr. 2: Für 22 € erhält man bei Tarif I 160 kWh (bei 22 € auf der y-Achse waagrecht nach rechts bis zur Geraden „Tarif I" und dann senkrecht nach unten bis zur x-Achse → 160 kWh).

Lösung Nr. 3: Bei einem Verbrauch von mehr als 200 kWh ist Tarif I günstiger (bei 200 kWh schneiden sich die beiden Gerden. Rechts von diesem Schnittpunkt verläuft die Gerade für „Tarif I" unterhalb der Geraden von „Tarif II".)

Nr. 1: Mann muss in die Gleichung (Tarif II) $y = 0{,}08x + 8$ für $x = 125$ einsetzen.
→ $y = 0{,}08 \cdot 125 + 8$
$y = 18$; Man muss 18 € bezahlen.

Nr. 2: Man muss in die Gleichung (Tarif I) $y = 0{,}05x + 14$ für $y = 22$ einsetzen.
→ $22 = 0{,}05 \cdot x + 14$ /– 14
$8 = 0{,}05x$ / : (0,05)
$x = 160$; Man erhält 160 kWh

Nr. 3: Man muss für die Kosten der Tarie I und II eine Ungleichung herstellen → Tarif I < Tarif II
→ $y_I < y_{II}$
→ $0{,}05x + 14 < 0{,}08x + 8$ /– 0,08x
/– 14
$-0{,}05x < -6$ /: (– 0,03)
$x > 200$ Beachte das Inversionsgesetz!

Bei einem Verbrauch von mehr als 200 kWh ist Tarif I günstiger.

Lineare Gleichungsysteme mit zwei Variablen

(1) $a_1x + b_1y + c_1 = 0$
(2) $a_2x + b_2y + c_2 = 0$

Lineares Gleichungssystem

Es gibt vier verschiedene Lösungsverfahren:
- Gleichsetzverfahren
- Einsetzverfahren
- Additionsverfahren
- Graphisches Verfahren

Am folgenden Beispiel werden alle vier Lösungsverfahren vorgerechnet.

TIPP: Verwende stets das Verfahren, welches dir am günstigsten erscheint.

Beispiel:

(1) $-3x + 4y - 15 = 0$
(2) $2x + 5y - 13 = 0$

1. Gleichsetzverfahren

Beide Gleichungen werden nach einer Variablen (z. B. y) aufgelöst:

(1) $-3x + 4y - 15 = 0$
(2) $2x + 5y - 13 = 0$

(1) $-3x + 4y - 15 = 0 \ /+3x + 15$
$\quad 4y = 3x + 15 \ /:4$

(3) $y = \frac{3}{4}x + \frac{15}{4}$

(2) $2x + 5y - 13 = 0 \ /-2x + 13$
$\quad 5y = -2x + 13 \ /:5$

(4) $y = -\frac{2}{5}x + \frac{13}{5}$

(3) = (4): $\frac{3}{4}x + \frac{15}{4} = -\frac{2}{5}x + \frac{13}{5}$

$\frac{3}{4}x + \frac{2}{5}x = \frac{13}{5} - \frac{15}{4}$

$\frac{15}{20}x + \frac{8}{20}x = \frac{52}{20} - \frac{75}{20}$

$\frac{23}{20}x = -\frac{23}{20} \ / \cdot \frac{20}{23}$

(5) $x = -1$

(5) in (3) $y = \frac{3}{4} \cdot (-1) + \frac{15}{4}$
$y = 3$
$\rightarrow \mathbb{L} = \{(-1/3)\}$

2. Einsetzverfahren

Eine Gleichung wird nach einer Variablen (z. B. x) aufgelöst und diese setzt man dann in die andere Gleichung ein.

(1) $-3x + 4y - 15 = 0$
(2) $2x + 5y - 13 = 0$

aus (2): $2x = -5y + 13$
(3) $x = -\frac{5}{2}y + \frac{13}{2}$

(3) in (1):
$$-3\left(-\frac{2}{5}y + \frac{13}{2}\right) + 4y - 15 = 0$$
$$\frac{15}{2}y - \frac{39}{2} + 4y - 15 = 0$$
$$\frac{23}{2}y = \frac{69}{2} \;/\cdot \frac{2}{23}$$
(4) $y = 3$

(4) in (3): $x = -\frac{5}{2} \cdot 3 + \frac{13}{2}$
$x = -1$
$\rightarrow \mathbb{L} = \{(-1/3)\}$

3. Additionsverfahren

Die Gleichungen müssen so umgeformt werden, dass bei einer Variablen (z. B. x) gleiche Koeffizienten (Beizahlen) mit verschiedenen Vorzeichen entstehen. Bei der Addition der beiden Gleichungen fällt dann diese Variable weg.

(1) $-3x + 4y - 15 = 0 \;/\cdot 2 \rightarrow$ (3) $\boxed{-6}x + 8y - 30 = 0$
(2) $2x + 5y - 13 = 0 \;/\cdot 3 \rightarrow$ (4) $\boxed{6}x + 15y - 39 = 0$

(3) +(4): $23y - 69 = 0$
$23y = 69$
(5) $y = 3$

(5) in (2): $2x + 5 \cdot 3 - 13 = 0$
$2x + 2 = 0$
$x = -1$
$\rightarrow \mathbb{L} = \{(-1/3)\}$

4. Graphisches Verfahren

Beide Gleichungen werden nach der Variablen y aufgelöst. Die so entstandenen Gleichungen können dann als Geraden gezeichnet werden, deren Schnittpunkt die Lösungsmenge $\mathbb{L}$ ist.

(1) $-3x + 4y - 15 = 0$ Aus (1): $4y = 3x + 15$ / : 4

(2) $2x + 5y - 13 = 0$ $g_1: y = \frac{3}{4}x + \frac{15}{4}$

                               Aus (2): $5y = -2x + 13$ /: 5

                               $g_2: y = -\frac{2}{5}x + \frac{13}{5}$

$g_1 \cap g_2 = \{S\}$

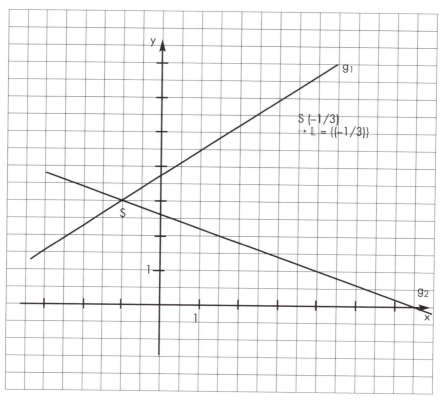

Lineare Ungleichungen und Ungleichungssysteme

Bei diesen Aufgaben liegt die Lösungsmenge $\mathbb{L}$ oberhalb oder unterhalb einer Geraden.

Lineare Ungleichungen

$y = mx + t$ ← Geradengleichung in der Normalform

$y > mx + t$
↑ „größer"
Die Lösungsmenge liegt
oberhalb der Geraden

$y < mx + t$
↑ „kleiner"
Die Lösungsmenge liegt
unterhalb der Geraden

Beispiel:

① $y > \frac{1}{2}x + 3$ ② $y > \frac{1}{2}x + 3$

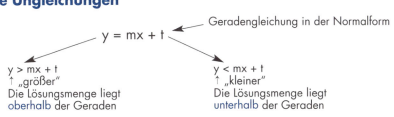

Lineare Ungleichungssysteme

Die Lösungsmenge ist die Schnittmenge der einzelnen Lösungsmengen.

Beispiel:

$$y < -\frac{1}{2}x + 1 \quad \wedge \quad y > \frac{3}{4}x - 2 \quad \wedge \quad y > -\frac{3}{2}x - 3$$

$$\mathbb{L} = \quad \mathbb{L}_1 \quad \cap \quad \mathbb{L}_2 \quad \cap \quad \mathbb{L}_3$$

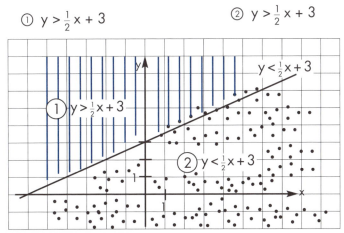

> Steht bei dem Ungleichheitszeichen zusätzlich ein Gleichheitszeichen (z. B. $y \leq -\frac{2}{5}x + 2$), dann gehört die Gerade zur Lösungsmenge dazu.

121

Die quadratische Funktion

Der Graph einer quadratischen Funktion heißt Parabel, den höchsten (bzw. tiefsten) Punkt nennt man Scheitel.

Die Funktion $y = ax^2$

Der Scheitel S liegt im Ursprung → S (0/0)

Für $a = \pm 1$ erhält man die Normalparabel (kann mit der Schablone gezeichnet werden).

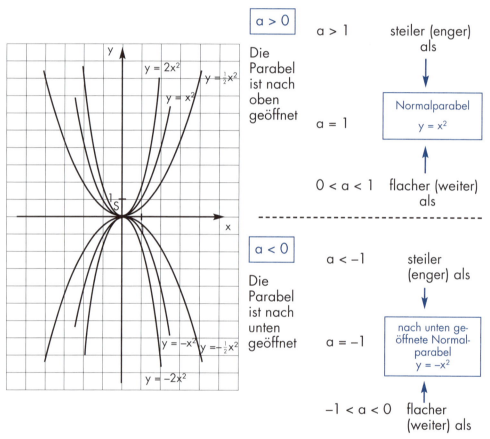

Die Funktion $y = ax^2 + bx + c$

Der Scheitel S liegt nicht im Ursprung. Man unterscheidet:

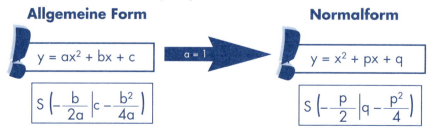

Beispiele:

1. $y = -\frac{1}{2}x^2 + 3x - 2$ (nach unten geöffnet)

$S\left(-\frac{3}{-1}\bigg|-2-\frac{9}{-2}\right)$

S (3/2,5)

Zeichnung mit Hilfe einer Wertetabelle:

x	0	1	2	3	4	5	6
y	−2	0,5	2	2,5	2	0,5	−2

2. $y = x^2 + 2x - 1$ (nach oben geöffnet)

$S\left(-\frac{2}{2}\bigg|-1-\frac{4}{4}\right)$

S (−1/−2)

Man muss nur den Scheitel einzeichnen und die Schablone anlegen.

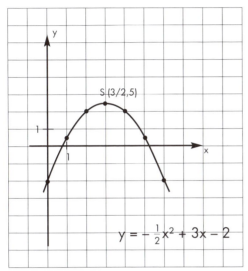

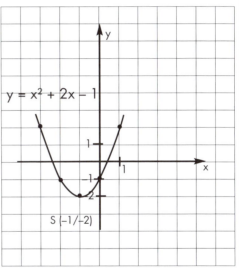

Der Scheitel kann auch mit Hilfe der quadratischen Ergänzung bestimmt werden.

Beispiel:

$y = -\frac{1}{2}x^2 + 3x - 2$

$y = -\frac{1}{2}[x^2 - 6x + 4]$

$y = -\frac{1}{2}[x^2 - 6x + \mathbf{3^2} - \mathbf{3^2} + 4]$

$y = -\frac{1}{2}[(x-3)^2 - 5]$

$y = -\frac{1}{2}(x-3)^2 + 2,5$

S (+3 / +2,5)

Lösungsschritte:

1. Faktor bei x^2 ausklammern
2. Quadratische Ergänzung
3. Binom und zusammenfassen
4. Eckige Klammer auflösen
5. Scheitel richtig ablesen

① Zeichen wird geändert
② Zeichen wird übernommen

Jede allgemeine Form einer quadratischen Funktion lässt sich in die Scheitelform überführen.

$y = ax^2 + bx + c$ → Umformung durch quadrat. Ergänzung → $y = a(x - x_S)^2 + y_S$ wobei $S(x_S/y_S)$

Allgemeine Form   **Scheitelform**

Mit gegebenem Scheitel lässt sich auch die Parabelgleichung aufstellen.

Beispiel:

Bestimme die Gleichung einer nach unten geöffneten Normalparabel mit dem Scheitel S (–1,5/3,5).

$y = -(x + 1,5)^2 + 3,5$ (nach unten geöffnet → Minuszeichen vor die Klammer!)

$y = -(x^2 + 3x + 2,25) + 3,5$

$y = -x^2 - 3x - 2,25 + 3,5$

$y = -x^2 - 3x + 1,25$

Nullstellen

Die Nullstellen einer Funktion sind die Schnittpunkte des Graphen mit der x-Achse. Die Nullstellen haben also den y-Wert Null!

Beispiel:

Bestimme die Nullstellen der Funktion $y = -0,25x^2 + x + 15$

$-0,25x^2 + x + 15 = 0 \;/:(-0,25)$

$\qquad x^2 - 4x - 60 = 0$

$x_{1/2} = 2 \pm \sqrt{(-2)^2 + 60}$

$x_{1/2} = 2 \pm 8$

$x_1 = -6 \quad x_2 = 10 \qquad \rightarrow N_1(-6/0) \; N_2(10/0)$

Schnittpunkte: Parabel und Gerade, Parabel und Parabel
Zeichnerisches Schneiden bedeutet stets: Rechnerisches Gleichsetzen

Beispiel:

Bestimme die Schnittpunkte P und Q der Parabeln $p_1 : y = x^2 - 2x + 1$ und $p_2: y = -x^2 + 5$

$p_1 \cap p_2 \rightarrow y_{P_1} = y_{P_2}$

$x^2 - 2x + 1 = -x^2 + 5 \; / \begin{smallmatrix}+x^2\\-5\end{smallmatrix}$

$2x^2 - 2x - 4 = 0 \; / :2$

$\quad x^2 - x - 2 = 0$

$x_{1/2} = \frac{1}{2} \pm \sqrt{\frac{1}{4} + 2}$

$x_{1/2} = \frac{1}{2} \pm \frac{3}{2}$

$x_1 = -1 \qquad x_2 = 2$

Die beiden x-Werte werden jetzt in eine der beiden Parabelgleichungen eingesetzt:

in p_2:

$y_1 = -(-1)^2 + 5 = 4$

$y_2 = -(2)^2 + 5 = 1$

$\rightarrow$ P (−1/4)   Q (2/1)

Aufstellen von Parabelgleichungen durch gegebene Punkte

Lösungsweg:

Man setzt die Koordinaten der gegebenen Punkte in die Parabelgleichung ein und erhält zwei Gleichungen mit zwei Unbekannten. Diese werden nach einem der bekannten Verfahren gelöst.

Beispiel:

Bestimmte die Gleichung der nach unten geöffneten Normalparabel durch die Punkte A (1/2) und B (4/−1).

p: $y = -x^2 + px + q$ Aufpassen! Minuszeichen nicht vergessen!

A in p eingesetzt: $\quad 2 = -1^2 + p \cdot 1 + q$ $\qquad$ (1) $2 = -1 + p + q$

$\qquad\qquad\qquad$ (1) $2 = -1 + p + q$ $\qquad\qquad$ (2) $-1 = -16 + 4p + q \; / \cdot (-1)$

B in p eingesetzt: $\quad -1 = -4^2 + p \cdot 4 + q$ $\qquad$ (1) $2 = -1 + p + q$

$\qquad\qquad\qquad$ (2) $-1 = -16 + 4p + q$ $\qquad$ (3) $1 = 16 - 4p - q$

$\qquad\qquad\qquad\qquad\qquad\qquad\qquad$ (1) + (3) $\; 3 = 15 - 3p \; / -15$

$\qquad\qquad\qquad\qquad\qquad\qquad\qquad\qquad -12 = -3p \quad / : (-3)$

$\qquad\qquad\qquad\qquad\qquad\qquad\qquad$ (4) $p = 4$

$\qquad\qquad\qquad\qquad\qquad\qquad$ (4) in (1) $2 = -1 + 4 + q$

$\qquad\qquad\qquad\qquad\qquad\qquad\qquad\qquad q = -1$

Die Parabel p hat die Gleichung p: $y = -x^2 + 4x - 1$

125

Quadratische Gleichungen

Die reinquadratische Gleichung: $x^2 = c$

$c > 0$	→	2 Lösungen:	$\mathbb{L} = \{+\sqrt{c}; -\sqrt{c}\}$
$c = 0$	→	1 Lösung:	$\mathbb{L} = \{0\}$
$c < 0$	→	keine Lösung:	$\mathbb{L} = \{\ \}$

Beispiel:

$x^2 = 15 \quad \mathbb{L} = \{+\sqrt{15}; -\sqrt{15}\}$
$ \mathbb{L} = \{3{,}87; -3{,}87\}$

Die unvollständig gemischtquadratische Gleichung: $ax^2 + bx = 0$ ($a \neq 0$)

$$ax^2 + bx = 0$$
$$x(ax + b) = 0 \quad \text{Ausklammern von x}$$
$$x = 0 \ \lor \ ax + b = 0 \ /-b \quad \text{Ein Produkt hat den Wert Null, wenn ein Faktor Null ist!}$$
$$x = 0 \ \lor \ ax = -b \ /:a$$
$$x = -\frac{b}{a}$$

$\mathbb{L} = \{0; -\frac{b}{a}\}$ Beachte: Eine Lösung dieser Gleichung hat stets den Wert Null!

Beispiel:

$-3x^2 + 12x = 0 \ \rightarrow \ \mathbb{L} = \{0; -\frac{12}{-3}\}$
$ \mathbb{L} = \{0; 4\}$

Die Normalform der vollständig gemischtquadratischen Gleichung: $x^2 + px + q = 0$

$x^2 + px + q = 0$ Normalform (Faktor bei x^2 ist 1)

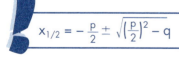

Den Term unter der Wurzel (Radikand) nennt man Diskriminante D.

Die Anzahl der Lösungen hängt vom Wert der Diskriminante D ab.

$D > 0$	→	2 Lösungen:	$\mathbb{L} = \{-\frac{p}{2} + \sqrt{D}; -\frac{p}{2} - \sqrt{D}\}$
$D = 0$	→	1 Lösung:	$\mathbb{L} = \{-\frac{p}{2}\}$
$D < 0$	→	keine Lösung:	$\mathbb{L} = \{\ \}$

Beispiel:

$x^2 + x - 12 = 0$

a) Lösung mit der Formel

$x_{1/2} = -\frac{1}{2} \pm \sqrt{\left(\frac{1}{2}\right)^2 + 12}$

$x_{1/2} = -\frac{1}{2} \pm \sqrt{\frac{49}{4}}$

$x_{1/2} = -\frac{1}{2} \pm \frac{7}{2}$ → $\mathbb{IL} = \{3; -4\}$

b) Lösung mit der quadratischen Ergänzung

$$x^2 + x - 12 = 0$$

$$\underbrace{x^2 + x + \left(\tfrac{1}{2}\right)^2} - \underbrace{\left(\tfrac{1}{2}\right)^2 - 12} = 0 \qquad \text{Quadratische Ergänzung}$$

$$\left(x + \tfrac{1}{2}\right)^2 - \tfrac{49}{4} = 0 \qquad \text{1. Binom und Zusammenfassen}$$

$$\left(x + \tfrac{1}{2}\right)^2 = \tfrac{49}{4} \quad /\sqrt{}$$

$$x + \tfrac{1}{2} = \pm \tfrac{7}{2} \quad /-\tfrac{1}{2}$$

$$x = -\tfrac{1}{2} \pm \tfrac{7}{2} \qquad \rightarrow \qquad \mathbb{L} = \{3; -4\}$$

Die allgemeine Form der quadratischen Gleichung: $ax^2 + bx + c = 0$

$ax^2 + bx + c = 0$

1. Möglichkeit

In die Normalform überführen (durch a dividieren) und dann mit der quadratischen Ergänzung oder mit der Formel lösen.

2. Möglichkeit

Mit dieser Formel lösen:

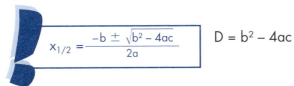

$$x_{1/2} = \frac{-b \pm \sqrt{b^2 - 4ac}}{2a} \qquad D = b^2 - 4ac$$

$D > 0$	→	2 Lösungen:	$\mathbb{L} = \left\{\frac{-b+\sqrt{D}}{2a}; \frac{-b-\sqrt{D}}{2a}\right\}$
$D = 0$	→	1 Lösung:	$\mathbb{L} = \left\{-\frac{b}{2a}\right\}$
$D < 0$	→	keine Lösung:	$\mathbb{L} = \{\ \}$

Beispiel:

$-\frac{1}{2}x^2 + 4x - 5 = 0$

$x_{1/2} = \frac{-4 \pm \sqrt{16 - 4\left(-\frac{1}{2}\right)\cdot(-5)}}{2\cdot\left(\frac{1}{2}\right)}$

$x_{1/2} = \frac{-4 \pm \sqrt{16 - 10}}{-1}$

$x_{1/2} = \frac{-4 \pm 2{,}45}{-1}$ → $\mathbb{L} = \{6{,}45;\ 1{,}55\}$

Der Satz von Vieta

Sind x_1 und x_2 die Lösungen der quadratischen Gleichung $x^2 + px + q = 0$, so gilt folgender Zusammenhang:

quadratisches   lineares   konstantes
(absolutes)
Glied der quadratischen Gleichung

$x_1 + x_2 = -p$
$x_1 \cdot x_2 = q$

Die Summe der beiden Lösungen ist so groß wie der negative Faktor des linearen Gliedes. Das Produkt der beiden Lösungen ist so groß wie das konstante Glied.

Die Gleichung muss in der **Normalform** stehen!

Die Linearfaktorzerlegung (LFZ)

Sind x_1 und x_2 die Lösungen der quadratischen Gleichung $x^2 + px + q = 0$, so gilt:

$(x - x_1) \cdot (x - x_2) = 0$ **LFZ** (**L**inear**f**aktor**z**erlegung)

Beispiel:

Bestimme die quadratische Gleichung mit den Lösungen $x_1 = -2$ und $x_2 = 5$.

    I. Möglichkeit   II. Möglichkeit

      Vieta   LFZ

$-2 + 5 = -p$ $(x + 2)(x - 5) = 0$

$3 = -p \;/\cdot(-1)$ $x^2 - 5x + 2x - 10 = 0$

$p = -3$ → $x^2 - 3x - 10 = 0$

$-2 \cdot 5 = q$

$q = -10$

→ $x^2 - 3x - 10 = 0$

Statistische Kennwerte

Mittelwert (arithmetisches Mittel)

Der Mittelwert m ist der Quotient aus der Summe aller Zahlenwerte und der Anzahl der Zahlenwerte.

$$m = \frac{a_1 + a_2 + \ldots + a_n}{m} \quad \textbf{Mittelwert}$$

Zentralwert

Der Zentralwert z ist der in der Mitte stehende Wert einer Rangliste (die Werte müssen nach der Größe geordnet sein). Ist die Anzahl der Werte eine gerade Zahl, so erhält man den Zentralwert z als Mittelwert der beiden in der Mitte stehenden Werte.

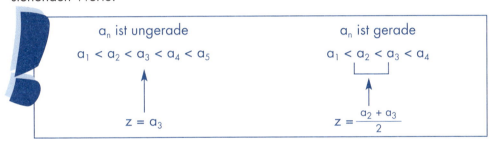

Spannweite

Die Spannweite s ist die Differenz aus dem größten Wert a_{max} und dem kleinsten Wert a_{min} (max = Maximum, min = Minimum).

$$s = a_{max} - a_{min}$$

Beispiel:

Herr Hoffmann berechnet nach jedem Tanken den durchschnittlichen Benzinverbrauch je 100 km. Er notiert folgende Werte: 9,8 l, 10,3 l, 9,7 l, 10,1 l, 10,6 l, 9,4 l. Berechne den Mittelwert, dem Zentralwert und die Spannweite.

$$m = \frac{9{,}8 + 10{,}3 + 9{,}7 + 10{,}1 + 10{,}6 \; 9{,}4}{6} \, l = \frac{59{,}9}{6} \, l = 9{,}98 \, l$$

9,4   9,7   9,8   10,1   10,3   10,6

$$z = \frac{9{,}8 + 10{,}1}{2} \, l = \frac{19{,}9}{2} \, l = 9{,}95 \, l$$

$s = 10{,}6 \, l - 9{,}4 \, l = 1{,}2 \, l$

Mittelwert: 9,98 l/100 km   Zentralwert: 9,95 l/100 km   Spannweite: 1,2 l

129

Häufigkeit

Absolute Häufigkeit
Die absolute Häufigkeit gibt an, wie oft ein bestimmtes Ereignis bei einem Zufallsversuch (Stichprobe) eintritt.

Relative Häufigkeit
Die relative Häufigkeit gibt an, wie oft ein bestimmtes Ereignis bei einem Zufallsversuch (Stichprobe) im Verhältnis der Gesamtzahl der durchgeführten Versuche eintritt.

$$\text{Relative Häufigkeit} = \frac{\text{Absolute Häufigkeit}}{\text{Anzahl der Versuche}}$$

Beispiel:

Beim Training im Elfmeter-Schießen erzielt der beste Spieler bei insgesamt 20 Schüssen 14 Tore. Berechne die relative Häufigkeit.

$$\text{Relative Häufigkeit} = \frac{\text{Anzahl der Treffer}}{\text{Anzahl der Versuche}} = \frac{14}{20} = \frac{7}{10}$$

Wahrscheinlichkeitsrechnung

Zufallsversuch und Ergebnismenge

Wenn bei einem Versuch das Ergebnis nicht vorausgesagt werden kann, spricht man von einem Zufallsversuch. Die Ergebnisse können in einem Baumdiagramm dargestellt werden.
Die Menge aller möglichen Ergebnisse nennt man Ergebnismenge.

Beispiel:

Auf einem Tetraeder sind die vier Flächen mit 1, 2, 3, 4 nummeriert. Gib jeweils die Ergebnismenge an und zeichne das Baudiagramm.
a) Es wird einmal „gewürfelt".
b) Es wird zweimal hintereinander „gewürfelt".

Lösung:

a) E = {1; 2; 3; 4}

b) E = {(1/1); (1/2); (1/3); (1/4); (2/1); (2/2); (2/3); (2/4); (3/1); (3/2); (3/3); (3/4); (4/1); (4/2); (4/3); (4/4)}

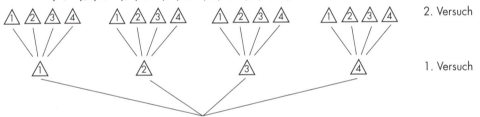

Ereignisse

Eigenschaften von Zufallsversuchen nennt man Ereignisse. Ereignisse sind stets Teilmengen von Ergebnismengen oder die Ergebnismenge selbst.

Beispiel:

 An der Wand ist ein vergrößertes Lottospielfeld auf einer Korktafel angebracht.
Auf die Tafel wird ein Pfeil geworfen (nur ein Versuch). Gewinner ist derjenige Spieler, der ein Vielfaches der Zahl 9 trifft.

Gib die Ergebnismenge und die Menge für die Eigenschaft „Gewinner" an.

E = {0; 1; 2; 3; . . . . ; 49} Ergebnismenge
          ↖── wenn das Spielfeld nicht getroffen wird

$E_{Gewinner}$ = {9; 18; 27; 36; 45} Ereignis „Gewinner"

Permutationen

Permutationen sind Zusammenstellungen von n Elementen in allen möglichen Reihenfolgen. Von n verschiedenen Elementen gibt es n! Permutationen.

$$n! = 1 \cdot 2 \cdot 3 \cdot \ldots \cdot n \qquad \textbf{n-Fakultät}$$

Beispiel:

Wie viele Möglichkeiten gibt es, die Zahlen 1, 2, 3 anzuordnen?

Probe:
123 213 312
132 231 321

$3! = 1 \cdot 2 \cdot 3 = 6$ Es gibt 6 Möglichkeiten.

Kombinationen

Eine Zusammenstellung von k Elementen aus n Elementen nennt man eine Kombination k-ter Ordnung (k-ter Klasse).

Man schreibt: $\binom{n}{k}$ sprich: „n über k"

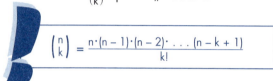

$$\binom{n}{k} = \frac{n \cdot (n-1) \cdot (n-2) \cdot \ldots \cdot (n-k+1)}{k!}$$

Anzahl der Kombinationen von n Elementen zur k-ten Ordnung.

Beispiel:

Wie viele Möglichkeiten gibt es bei einem Tipp-Spiel „5 aus 20"?

$$\frac{20 \cdot 19 \cdot 18 \cdot 17 \cdot 16}{1 \cdot 2 \cdot 3 \cdot 4 \cdot 5} = \frac{1860480}{120} = 15504$$

Es gibt 15504 verschiedene Möglichkeiten.

Wahrscheinlichkeit

Die Wahrscheinlichkeit P (E) wird definiert als:

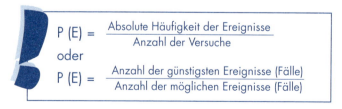

$$P(E) = \frac{\text{Absolute Häufigkeit der Ereignisse}}{\text{Anzahl der Versuche}}$$

oder

$$P(E) = \frac{\text{Anzahl der günstigsten Ereignisse (Fälle)}}{\text{Anzahl der möglichen Ereignisse (Fälle)}}$$

Es gilt stets: $0 \leq P(E) \leq 1$

$P(E) = 1 \rightarrow$ das Eintreffen des Ereignisses ist sicher.
$P(E) > \frac{1}{2} \rightarrow$ das Eintreffen des Ereignisses ist wahrscheinlich.
$P(E) = \frac{1}{2} \rightarrow$ das Eintreffen des Ereignisses ist zweifelhaft.
$P(E) < \frac{1}{2} \rightarrow$ das Eintreffen des Ereignisses ist unwahrscheinlich.
$P(E) = 0 \rightarrow$ das Eintreffen des Ereignisses ist unmöglich.

Beispiele:

1a) Wahrscheinlichkeit, mit zwei Würfeln bei einem Versuch die „Augenzahl" 13 zu würfeln $\rightarrow P(E) = 0$

b) Wahrscheinlichkeit, mit einem Würfel eine ungerade Zahl zu würfeln
$\rightarrow P(E) = \frac{3}{6}$ (3 richtige Zahlen: 1, 3, 5)
6 mögliche Zahlen: 1 – 6)
$P(E) = \frac{1}{2}$

c) Wahrscheinlichkeit mit drei Würfeln bei einem Wurf mindestens die „Augenzahl" 3 zu würfeln $\rightarrow P(E) = 1$

2. Von den 372 befragten Grundschülern einer Schule können 240 bereits schwimmen.
   a) Berechne die Wahrscheinlichkeit, dass ein befragtes Kind nicht schwimmen kann.
   b) In der Klasse 4a sind insgesamt 22 Schüler. Wie viele dieser Schüler können wahrscheinlich schwimmen?

Lösung:

a) Nichtschwimmer: 372 − 240 = 132

$P(E) = \frac{132}{372} = 0{,}355$

b) Wahrscheinlichkeit, dass ein befragtes Kind schwimmen kann:

$P(E) = \frac{240}{372} = 0{,}645$

Diese Wahrscheinlichkeit trifft auch auf die Klasse 4a zu:

$\frac{x}{22} = 0{,}645 \; / \cdot 22$

$x = 14{,}19$

Wahrscheinlich können 14 Schüler der Klasse 4a schwimmen.

Gradmaß und Bogenmaß

Definition

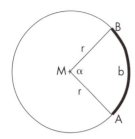

$$x = \frac{b}{r} \quad \textbf{Bogenmaß}$$

Das Bogenmaß x eines Winkels α ist der Quotient aus der Länge des Kreisbogens b und der Länge des Kreisradius r.

Bogenmaß für besondere Winkel

α	0°	30°	45°	60°	90°	180°	270°	360°
x	0	$\frac{\pi}{6}$	$\frac{\pi}{4}$	$\frac{\pi}{3}$	$\frac{\pi}{2}$	π	$\frac{2}{3}\pi$	2π
	0	0,52	0,79	1,05	1,57	3,14	4,71	6,28

Umrechnungsformeln

Gradmaß → Bogenmaß

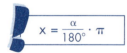

$$x = \frac{\alpha}{180°} \cdot \pi$$

Gradmaß → Bogenmaß

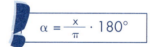

$$\alpha = \frac{x}{\pi} \cdot 180°$$

Beispiele:

1. Berechne das Bogenmaß für a = 100°.

   $x = \frac{100°}{180°} \cdot 3{,}14 = 1{,}74$

2. Berechne das Gradmaß ür x = 6,04.

   $a = \frac{6{,}04}{3{,}14} \cdot 180° = 346{,}24°$

Trigonometrie

Trigonometrie bedeutet „Dreiecksmessung".
Mit Hilfe der Trigonometrie kann man Seitenlängen und Winkelmaße in Dreiecken berechnen.

Die trigonometrischen Terme sind α, cos α, tan α am Einheitskreis

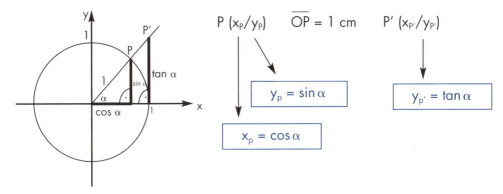

Besondere Werte von sin α, cos α, tan α

α	0°	30°	45°	60°	90°	180°	270°	360°
sin α	0	$\frac{1}{2}$	$\frac{1}{2}\sqrt{2}$	$\frac{1}{2}\sqrt{3}$	1	0	−1	0
cos α	0	$\frac{1}{2}\sqrt{3}$	$\frac{1}{2}\sqrt{2}$	$\frac{1}{2}$	0	−1	0	1
tan α	0	$\frac{1}{3}\sqrt{3}$	1	$\sqrt{3}$	nicht definiert	0	nicht definiert	0

Beziehungen zwischen den trigonometrischen Termen

$\sin \alpha = \cos(90° - \alpha)$
$\cos \alpha = \sin(90° - \alpha)$

$\tan \alpha = \frac{\sin \alpha}{\cos \alpha}$

$\sin^2 \alpha + \cos^2 \alpha = 1$

Vorzeichen der trigonometrischen Terme in den vier Quadranten

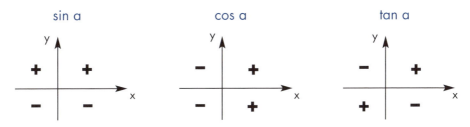

Rückführung auf spitze Winkel

	II. Quadrat	III. Quadrat	IV. Quadrat
$0° < α < 90°$	$90° < α < 180°$	$180° < α < 270°$	$270° < α < 360°$
$\sin α$	$\sin(180° - α) = \sin α$	$\sin(180° + α) = -\sin α$	$\sin(360° - α) = -\sin α$
$\cos α$	$\cos(180° - α) = -\cos α$	$\cos(180° + α) = -\cos α$	$\cos(360° - α) = \cos α$
$\tan α$	$\tan(180° - α) = -\tan α$	$\tan(180° + α) = \tan α$	$\sin(360° - α) = -\tan α$
„α spitz" $\hat{α}$	⬅ Rückführung auf spitze Winkel		

Zu jedem trigonometrischen Wert gehören **zwei** Winkel!

Beispiele:

1. $\tan 31{,}8° = 0{,}62$
   $\tan 211{,}8° = 0{,}62$
2. $\sin 210° = -0{,}5$
   $\sin 330° = -0{,}5$
3. $\cos 25{,}8° = 0{,}9$
   $\cos 334{,}2° = 0{,}9$

Berechnung trigonometrischer Werte

Mit der Eingabe des Winkelmaßes und der entsprechenden Funktionstaste (sin, cos, tan) in den Taschenrechner erhält man sofort den trigonometrischen Wert.

Beispiele:

Tastenfolge:

1. $\sin 208{,}9° = -0{,}48$

   bzw. | sin | 208,9 | → –0,48
         | 208,9 | sin | → –0,48

2. $\cos 311{,}1° = 0{,}66$

   | cos | 311,1 | → 0,66
   | 311,1 | cos | → 0,66

Berechnung von Winkelmaßen

VORSICHT! Zu jedem Wert gibt es **zwei** Winkelmaße!

Lösungsschritte:

① Man enscheidet zuerst, in welchen Quadranten die Winkel liegen.
② Dann gibt man den Wert (ohne Minuszeichen) in den Taschenrechner ein.
③ Der Taschenrechner zeigt einen spitzen Winkel $\hat{φ}$ an.
④ Anhand des Schrittes ① bestimmt man die beiden Winkelmaße.

Beispiel:

tan α = − 0,65   II/IV   ① Wegen des Minuszeichens!
                              (tan ist im II. und IV. Quadranten negativ)

                    Tastenfolge:
$\hat{\alpha}$ = 33,02°   ② $\boxed{0,65}$ $\boxed{\text{INV}}$ $\boxed{\text{TAN}}$ → 33,02
↑   bzw. $\boxed{0,65}$ $\boxed{\text{SHIFT}}$ $\boxed{\text{TAN}}$ ③
spitzer Winkel

④ α_1 = 180° − 33,02° α_2 = 360° − 33,02°
  α_1 = 146,98° α_2 = 326,98°

Berechnungen am rechtwinkligen Dreieck

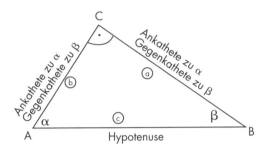

$\sin \alpha = \frac{a}{c}$ $\sin \beta = \frac{b}{c}$

$\cos \alpha = \frac{b}{c}$ $\cos \beta = \frac{a}{c}$

$\tan \alpha = \frac{a}{b}$ $\tan \beta = \frac{b}{a}$

In jedem rechtwinkligen Dreieck gilt:

Der Sinus eines Winkels ist der Quotient aus der Gegenkathete und der Hypotenuse.

sin ❏ = $\frac{\text{Gegenkathete}}{\text{Hypotenuse}}$ ❏: Platzhalter für einen Dreieckswinkel ≠ 90°

Der Kosinus eines Winkels ist der Quotient aus der Ankathete und der Hypotenuse.

cos ❏ = $\frac{\text{Ankathete}}{\text{Hypotenuse}}$

Der Tangens eines Winkels ist der Quotient aus der Gegenkathete und der Ankathete.

tan ❏ = $\frac{\text{Gegenkathete}}{\text{Ankathete}}$

Beispiel:

In einem rechtwinkligen Dreieck (α = 90°) gilt: a = 8,5 cm, β = 62°.
Berechne b, c, γ.

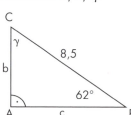

$\gamma = 90° - 62°$
$\gamma = 28°$

$\sin 62° = \dfrac{b}{8,5}$

$b = 8,5 \text{ cm} \cdot \sin 62°$
$b = 7,51 \text{ cm}$

$\cos 62° = \dfrac{c}{8,5}$

$c = 8,5 \text{ cm} \cdot \cos 62°$
$c = 3,99 \text{ cm}$

Berechnungen am allgemeinen Dreieck

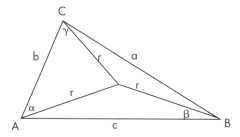

Sinussatz

In jedem Dreieck verhalten sich zwei Seiten wie die Sinuswerte der gegenüber liegenden Winkel.

$\dfrac{a}{b} = \dfrac{\sin \alpha}{\sin \beta}$ $\dfrac{a}{c} = \dfrac{\sin \alpha}{\sin \gamma}$ $\dfrac{b}{c} = \dfrac{\sin \beta}{\sin \gamma}$

$a : b : c = \sin \alpha : \sin \beta : \sin \gamma$

Kosinussatz

In jedem Dreieck ist das Quadrat einer Seite so groß wie die Summe der Quadrate der beiden anderen Seiten vermindert um das doppelte Produkt dieser beiden Seiten und dem Kosinus des eingeschlossenen Winkels.

$a^2 = b^2 + c^2 - 2bc \cdot \cos \alpha$
$b^2 = a^2 + c^2 - 2ac \cdot \cos \beta$
$c^2 = a^2 + b^2 - 2ab \cdot \cos \gamma$

r-Form des Sinussatzes
r ≙ Radius des Umkreises

$2r = \dfrac{a}{\sin \alpha} = \dfrac{b}{\sin \beta} = \dfrac{c}{\sin \gamma}$

Umformungen beim Kosinussatz:

$$\cos \alpha = \frac{b^2 + c^2 - a^2}{2bc} \quad \text{oder} \quad \cos \alpha = \frac{a^2 - b^2 - c^2}{-2bc}$$

$$\cos \beta = \frac{a^2 + c^2 - b^2}{2ac} \quad\quad\quad\quad\quad \cos \beta = \frac{b^2 - a^2 - c^2}{-2ac}$$

$$\cos \gamma = \frac{a^2 + b^2 - c^2}{2ab} \quad\quad\quad\quad\quad \cos \gamma = \frac{c^2 - a^2 - b^2}{-2ab}$$

Beispiel:
a = 6,3 cm   b = 7,2 cm   c = 5,2 cm
Berechne α, β, γ und den Umkreisradius r!
Berechnung von α mit dem Kosinussatz!

$$\cos \alpha = \frac{(7{,}2 \text{ cm})^2 + (5{,}2 \text{ cm})^2 - (6{,}3 \text{ cm})^2}{2 \cdot 7{,}2 \text{ cm} \cdot 5{,}2 \text{ cm}} \quad\quad \alpha = 58{,}44°$$

Taschenrechnereingabe:

oder: . . . .

Berechnung von β mit dem Sinussatz:

$$\frac{\sin \beta}{b} = \frac{\sin \alpha}{a} \quad / \cdot b$$

$$\sin \beta = \frac{b \cdot \sin \alpha}{a}$$

$$\sin \beta = \frac{7{,}2 \text{ cm} \cdot \sin 58{,}44°}{6{,}3 \text{ cm}} \quad\quad\quad \beta = 76{,}86°$$

→ γ = 180° − 58,44° − 76,86°   γ = 44,7°

$$2r = \frac{a}{\sin \alpha} \quad\quad 2r = \frac{6{,}3 \text{ cm}}{\sin 58{,}44°} \quad\quad 2r = 7{,}39 \text{ cm} \quad\quad r = 3{,}7 \text{ cm}$$

Flächeninhalt von Dreiecken und Parallelogrammen

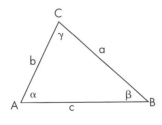

In jedem Dreieck ist der Flächeninhalt das halbe Produkt aus zwei Seiten und dem Sinus des eingeschlossenen Winkels.

$$A = \frac{1}{2} a \cdot b \cdot \sin \gamma \quad\quad A = \frac{1}{2} a \cdot c \cdot \sin \beta \quad\quad A = \frac{1}{2} b \cdot c \cdot \sin \alpha$$

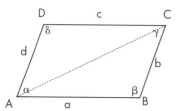

$a = c \qquad \alpha = \gamma$
$b = d \qquad \beta = \delta$

$A_{ABCD} = A_{\triangle ABC} + A_{\triangle ACD}$; wobei
$A_{\triangle ABC} = A_{\triangle ACD}$!

In jedem Parallelogramm ist der Flächeninhalt das Produkt aus zwei Seiten und dem Sinus des eingeschlossenen Winkels.

$$A = a \cdot b \cdot \sin \beta \qquad A = b \cdot c \cdot \sin \gamma$$

$$A = a \cdot d \cdot \sin \alpha \qquad A = c \cdot d \cdot \sin \delta$$

Beispiel:

Im Dreieck ABC ist c = 6,5 cm, b = 7,8 cm, $\beta = 62°$.
Berechne den Flächeninhalt.

Die Flächenformel lässt sich hier nicht sofort anwenden.

1. Zuerst wird mit dem Sinussatz das Maß des Winkels γ bestimmt.
2. Mit der Winkelsumme im Dreieck wird das Maß des Winkels α bestimmt.
3. Jetzt kann man den Flächeninhalt bestimmen.

1. $\dfrac{\sin \gamma}{6,5 \text{ cm}} = \dfrac{\sin 62°}{7,8 \text{ cm}}$

   $\sin \gamma = \dfrac{6,5 \text{ cm} \cdot \sin 62°}{7,8 \text{ cm}}$

   $\gamma = 47,37°$

2. $\alpha = 180° - 62° - 47,37°$
   $\alpha = 70,63°$

3. $A = \frac{1}{2} \cdot 7,8 \text{ cm} \cdot 6,5 \text{ cm} \cdot \sin 70,63°$
   $A = 23,92 \text{ cm}^2$

Die trigonometrischen Funktionen
Der Graph der Funktionen

$y = \sin \alpha \quad$ bzw. $\quad y = \sin x$

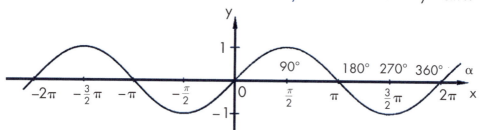

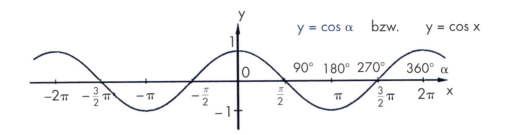

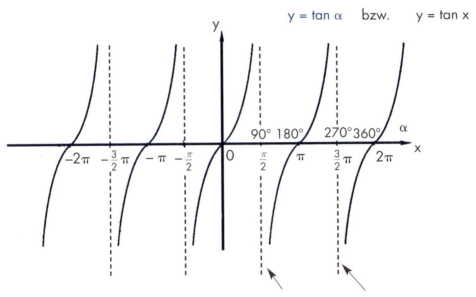

Asymptote (Gerade, der sich eine Kurve nähert, ohne sie zu schneiden oder zu berühren)

	$y = \sin \alpha$	$y = \cos \alpha$	$y = \tan \alpha$
Periode	360°	360°	180°
Definitionsmenge $\mathbb{D}$	$\mathbb{R}$	$\mathbb{R}$	$\{\alpha \mid \alpha \neq 90° + k \cdot 180°\}$
Wertemenge $\mathbb{W}$	$[-1; 1]$	$[-1; 1]$	$\mathbb{R}$
Asymptoten	keine	keine	$\alpha = 90° + k \cdot 180°$

Stichwortverzeichnis

A

Abbild 74, 105
Abbildung 74
Abkürzungen 38
absolute Häufigkeit 30
Abstand 64
Abszisse 72
Achsenabschnitt 113
Achsenspiegelung 74
Achsensymmetrie 76
Achsenkreuz 72
Addition von Bruchzahlen 24
Addition von Dezimalzahlen 26
Additionsverfahren 119
Ähnlich 65
Ähnliche Dreiecke 106
Ähnlichkeit 105
Ähnlichkeitsabbildung 105
allgemeine Form der linearen Funktion . . 113
allgemeine Form der quadratischen
Funktion 122, 124
allgemeine Form der quadratischen
Gleichung 127
alternierende Quersumme 19
Ankathete 137
Äquivalenzumformung 46
Arbeit 42
arithmetisches Mittel (Mittelwert) . . . 129
Assoziativgesetz (Verbindungsgesetz) 15
Aufbau der Zahlenmengen 8
Auflösen von Klammern 16, 17
(Ausmultiplizieren)
Aufstellen von Parabelgleichungen . . . 125
Ausklammern (Setzen von Klammern) . . . 17
Ausmultiplizieren 16, 17
(Auflösen von Klammern)
Außenwinkel am Dreieck 67, 68
„äußere" Tangenten an zwei Kreise . . . 103

B

Balkendiagramm 56
Basis (Grundzahl) 29
Baumdiagramm 131
bequeme Teiler von Prozentsätzen 49
Berechnung trigonometrischer Werte . . 136
Berechnung von Winkelmaßen 136
Berechnungen am allgemeinen
Dreieck 83, 138
Berechnungen am Kreis 98
Berechnungen am rechtwinkligen
Dreieck 83, 110, 137
Berechnungen an Körpern . . . . 91 ff
Berechnungen an Vielecken 89
Berührungsradius 103
besondere Bruchzahlen und
Dezimalzahlen 28
besondere Zahlenmengen 8
Bezeichnungen am Dreieck 78
Bezeichnungen am Viereck 78
Beziehungen zwischen trigonometrischen
Termen 135
Bildpunkt 105
binomische Grundformeln 18
Blockdiagramm 56
Bogen 65
Bogenlänge 58
Bogenmaß 134
Bogenmaß – Gradmaß 134
Bogenmaß für besondere Winkel 134
Bruchgleichungen 48
Bruchzahlen . . . . 22 ff
Bruchzahl – Dezimalzahl 27
Brutto 50

D

deckungsgleich (kongruent) 65, 74
Definitionsmenge 48
Dezimalbruch (Dezimalzahl) . . . . 22, 25 ff
Dezimalen 22, 25
Dezimalzahl – Bruchzahl 27
Diagonale 87
Diagramme 56
Dichte 42
Differenz 11
Differenzmenge (Restmenge) 7
direkte Proportionalität 58
Diskriminante 126, 127
Distributivgesetz (Verteilungsgesetz) 15
Dividend 11
Division von Bruchzahlen 24, 25
Division von Dezimalzahlen 26
Divisor 11, 26
Drachen (Drachenviereck) 76, 86, 87
Drehsymmetrie 76
Drehung 74
Dreieck 67, 77, 78
Dreieckskonstruktion 80
Dreisatz 60
Durchmesser 102

E

echter Bruch 22
Einheit 60
Einheiten 41
Einsetzverfahren 119
endlicher Dezimalbruch 25, 27
Entfernung 112
Ereignis 131
Ergebnismenge 131
Errichten einer Senkrechten 70
Erweitern 23
Euklid 110, 111
Exponent (Hochzahl) 29, 34
Faktor 11
Fakultät 132
Fällen eines Lotes 70
fallende Gerade 113
Flächenberechnungen am
Dreieck 83, 84, 139
Flächenberechnungen am Kreis 98
Flächenberechnungen am
Parallelogramm 87, 139, 140
Flächenberechnungen am Viereck 87
Flächendiagonale 91
Flächeneinheiten 39
Flächensätze am rechtwinkligen Dreieck . 110
freier Fall 43

G

ganze Zahlen 22
Gegenkathete 137
gegensinnig kongruent 74
Geldeinheiten 40
gemischter Bruch (gemischte Zahl) 22, 23
gemischtperiodischer
Dezimalbruch 25, 27, 28
geometrische Grundbegriffe 64, 65
Gerade 58, 64, 113
Geschwindigkeit 42
gestreckter Winkel 66
Gewichtseinheiten 40
Gewinn 50
Gleichnamig 24
gleichschenkliges Dreieck 79
gleichschenkliges Trapez 86
gleichschenklig-rechtwinkliges Dreieck . 79, 83
gleichseitiges Dreieck 79, 83
Gleichsetzverfahren 118
gleichsinnig kongruent 74
Gleichungen 46
Gradmaß – Bogenmaß 134
Graph der trigonometrischen
Funktionen 140, 141
Graphisches Lösungsverfahren 120
griechisches Alphabet 66
Größen . . . . 38 ff
größter gemeinsamer Teiler (ggT) 21
Grundgrößen 41
Grundkonstruktionen 70, 71
Grundrechenarten 11
Grundwert 49, 52
Grundzahl (Basis) 29

H

Halbgerade 64
Halbwertszeit 55
Häufigkeit 130
Hauptnenner 24
Haus der Vierecke 86
Hochwert 72
Hochzahl (Exponent) 29
Hochzahlen 0 und 1 30
Höhen im Dreieck 81
Höhensatz des Euklid 111
Hohlmaße 39
Hyperbel 59
Hypotenuse 79, 110, 137

I/J

indirekte Proportionalität 59
Inkreis 81, 86
Inkreisradius 83, 84, 89
Innenwinkel 67, 68
„innere" Tangenten an zwei Kreise 104
Inversionsgesetz 47
Jahreszinsformel 53
Joule 42

K

Kapitalverdoppelung 54
Kathete 79, 110
Kathetensatz des Euklid 110
Kavalierperspektive 97
Kegel 93
Kegelmantel 93
Kegelstumpf 95
Kehrbruch 25
Kennzeichen der trigonometrischen
Funktionen 141
Klammern 14, 16
kleinstes gemeinsames Vielfaches (kgV) . . . 20
Kombinationen 132
Kommutativgesetz (Vertauschungsgesetz) . . 15
kongruent (deckungsgleich) 65, 74
Kongruenzabbildung 74, 105
Konstruktion der Mittelsenkrechten 71

K

Konstruktion der Winkelhalbierenden 71
Koordinaten 72
Koordinatensystem 72, 112
Kosinus 135, 137
Kosinussatz 138
Kraft 42
Kreis 64, 77, 98
Kreisabschnitt (Kreissegment) 98
Kreisausschnitt (Kreissektor) 98
Kreisbogen 98
Kreisdiagramm 56
Kreisring 98
Kreissegment (Kreisabschnitt) 98
Kreissektor (Kreisausschnitt) 98
Kubikzahlen 33
Kugel 93
Kürzen 23

L

Länge einer Strecke 65, 112
Längeneinheiten 38
leere Menge 6, 7
Leistung 42
lineare Funktion .... 113 ff
lineare Gleichung 46
lineare Gleichungssysteme ...... 118 ff
lineare Ungleichung 47, 121
lineare Ungleichungssysteme 121
Linearfaktorzerlegung (LFZ) 128
Lösungsformel für quadratische
Gleichungen 126, 127
Lot 70, 71

M

Mantel (Mantelfläche) 91, 93
Mantelfläche eines Kegels 93
Mantelfläche eines Prismas 92
Mantelfläche eines Zylinders 92
Mantellinie 93, 95
Maßstab 44, 45
Mathematische Zeichen 6
Mehrheit 60
Mehrwertsteuer 50
Mengendiagramm 7
Mengenoperationen 7
Minuend 11
Minusklammer 16
Mischungskreuz 63
Mischungsrechnen .... 62 ff
Mittelpunkt einer Strecke 70, 112
Mittelpunktswinkel 89, 93, 100
Mittelsenkrechte 70, 71
Mittelsenkrechten im Dreieck 81
Mittelwert (arithmetisches Mittel) ... 129
Monatszinsformel 53
Multiplikand 11
Multiplikation 16
Multiplikation von Bruchzahlen ... 24, 25
Multiplikation von Dezimalzahlen 26
Multiplikator 11

N

natürliche Zahlen 8
Nebenwinkel 66
n-Eck (Vieleck) 68, 89
negative Grundzahl 31
negative Hochzahl 30
Netto 50
Netzabwicklung 92
neue Mehrheit 60
Normalform 113, 128
Normalform der linearen Funktion ... 113
Normalform der quadratischen Funktion . 122
Normalform der quadratischen
Gleichung 126
Normalparabel 122
Nullpunkt (Ursprung) 72
Nullstelle 124

O

Oberfläche des Kegels 93
Oberfläche der Kugel 93
Oberfläche des Prismas 91
Oberfläche der Pyramide 93
Oberfläche des Quaders 91
Oberfläche des Würfels 91
Oberfläche des Zylinders 92
Oktaeder 94
Ordinate 72

P

Parabel .... 122 ff
parallel 64
parallele Geraden 114
Parallelogramm 76, 86, 87
Passante 102
Periode 22, 27
periodische Dezimalzahl 25
Permutationen 132
Plusklammer 16
Potenz .... 29 ff
Potenzgesetze 29
Potenzschreibweise 10, 29, 35
Potenzwert 29

P

Primfaktoren 20, 21
Primfaktorzerlegung 20, 21
Primzahlen 9, 20, 21
Prisma 91
Produkt 11
produktgleich 59
Promillesatz 52
Promillewert 52
proportionale Zuordnung 58
Proportionalität . . . . 58 ff
Prozentrechnung . . . . 49 ff
Prozentsatz 49
Prozentwert 49
Punktrechnung 14
Punktspiegelung 74
Punkt-Steigungsform der
Geradengleichung 114
Punktsymmetrie 76
Pyramide 93, 94, 97
Pyramidenstumpf 95
Pythagoras 110

Q

Quader 91
Quadrant 72, 135
Quadrat 76, 86, 87
quadratische Ergänzung 123, 127
quadratische Funktion 122
quadratische Gleichung . . . . 126 ff
Quadratwurzel 34
Quadratzahlen 33
Quersumme 19
Quotient 11, 58
Quotientengleich 58

R

Rabatt 50
Radikand 34
radioaktiver Zerfall 55
Radius 64, 102
Randwinkel (Umfangswinkel) 100
rationale Hochzahlen 31
rationale Zahlen 22
Raumdiagonale 91
Raumeinheiten 39
Rauminhalt (Volumen) . . . . 91 ff
Raummaße 39
Raummaße im Holzhandel 39
Raummaße in der Forstwirtschaft 39
Raute 76, 86, 87
Rechteck 76, 86, 87
rechter Winkel 64, 66
Rechtswert 72
Rechtwinkliges Dreieck 79, 83, 137
Rechtwinkliges Trapez 86
r-Form des Sinussatzes 138
regelmäßige Vielecke (n-Ecke) 89
regelmäßiges Sechseck 89
Reinperiodischer Dezimalbruch . . . 25, 27, 28
Reinquadratische Gleichung 126
relative Häufigkeit 130
Restmenge (Differenzmenge) 7
Rissachse 97
römische Zahlzeichen 10
Rückführung auf spitze Winkel 136
Runden 11, 25

S

Sachaufgaben (Musterbeispiel) 36, 37
Satz von Vieta 128
Säulendiagramm 56
Scheinbruch 22
Scheitel 66, 122
Scheitelform der quadratischen Funktion . 124
Scheitelkoordinaten 122, 123, 124
Scheitelwinkel 66
Schenkel 66
Schlussrechnung 60, 61
Schnittmenge 7, 121
Schnittpunkt von Gerade und Parabel . 125
Schnittpunkt von Parabel und Parabel . . . 125
Schrägbild 97
Schwerpunkt 82
Segmentfläche 98
Sehne 102
Seitenhalbierenden im Dreieck 82
Sekante 102
Sektorfläche 98
senkrecht 64
Senkrechte 70, 71
senkrechte Geraden 114
Setzen von Klammern (Ausklammern) . . . 17
Sinus 135, 137
Sinussatz 138
Skonto 50
Spannung 43
Spannweite 129
spitzer Winkel 66
Stammbruch 22
statistische Kennwerte 129
steigende Gerade 113
Steigung . . . . 113 ff
Steigungsdreieck 113
Stellenwertschreibweise 10
Strahlensatz (Vierstreckensatz) 108
Strecke 64, 70, 71

S

Streckenlänge 112
Streckungsfaktor 105, 106
Streifendiagramm 56
Strichrechnung 14
Stromstärke 43
Stufenwinkel (F-Winkel) 67
Stufenzahl 10, 22, 27, 28
stumpfer Winkel 66
Subtrahend 11
Subtraktion von Bruchzahlen 24
Subtraktion von Dezimalzahlen 26
Summand 11
Summe 11
Symmetrie 86
Symmetrieachsen 76, 79
symmetrische Figuren 76

T

Tageszinsformel 53
Tangens 135, 137
Tangente 102
Tangentenkonstruktion 103, 104
Teilbarkeitsregeln 19
Teile von Einheiten 41
Teilmenge 6
Terme 11
Termwert 11
Tetraeder 94
Thaleskreis 101
Trapez 76, 86, 87
Trigonometrische Funktionen 140
Trigonometrische Terme am Einheitskreis . 135

U

überstumpfer Winkel 66
Umfang von Vierecken 87
Umfangswinkel (Randwinkel) 100
umgekehrt proportionale Zuordnung . 59
Umkreis 81, 86
Umkreisradius 83, 84, 89
Umlaufsinn 74
Umstellung von Formeln 42
unechter Bruch 22, 23
ungleichnamige Brüche 24
Ungleichung 47, 121
Ungleichungssysteme 121
unvollständig gemischtquadratische
Gleichung 126
Urbild 74, 105
Urpunkt 105
Ursprung (Nullpunkt) 72, 122

V

veränderter Grundwert 51
Verbindungsgesetz (Assoziativgesetz) 15
Vereinigungsmenge 7
Verkürzungsmaßstab 97
Verlust 50
Verschiebung 74
Vertauschungsgesetz (Kommutativgesetz) .. 15
Verteilungsgesetz (Distributivgesetz) 15
Verzerrungswinkel (Verschrägungswinkel) . 97
Vieleck (n-Eck) 68, 89
Vielfache von Einheiten 41
Viereck 67, 78, 86
Viereckskonstruktionen 85
Vierstreckensatz (Strahlensatz) .. 108
Vieta 128
vollständig gemischtquadratische
Gleichung 126
Vollwinkel 66
Volumen (Kegel) 93
Volumen (Kegelstumpf) 95
Volumen (Kugel) 93
Volumen (Oktaeder) 94
Volumen (Prisma) 91
Volumen (Pyramide) 93
Volumen (Pyramidenstumpf) 95
Volumen (Quader) 91
Volumen (Tetraeder) 94
Volumen (Würfel) 91
Volumen (Zylinder) 92
Vorrangregeln 14
Vorzeichen der trigonometrischen Terme . 135

W

waagrechte Gerade 113
Wachstumsprozesse 55
Wahrscheinlichkeit .... 131 ff
Wechselwinkel (Z-Winkel) 67
Wertetabelle 116, 123
Widerstand 42, 43
Winkel 64, 66
Winkel an Parallelen 67
Winkel und Seitenlängen am Dreieck 69
Winkelarten 66
Winkelbeziehungen am Kreis 100
Winkelfeld 66
Winkelhalbierende 70, 71
Winkelhalbierenden im Dreieck 81
Winkelmaß 66
Winkelsumme im Dreieck 67
Winkelsumme im Vieleck (n-Eck) 68
Winkelsumme im Viereck 67
Würfel 91
Wurzel 34, 35

W

Wurzelexponent 34, 35
Wurzelschreibweise 35
x-Wert 72

Y

y-Wert 72

Z

Zahlenmengen 8
Zahlenpaar 58
Zehnerbrüche 22
Zehnerpotenzen 32, 33
Zeiteinheiten 40
Zentrale 102
Zentralwert 129
zentrische Streckung 105
Zerfallsprozess 55
Zinseszins 54
Zinsformeln 53
Zinssatz (Zinsfuß) 53
Zufallsversuch 131
Zuordnungen . . . . 58 ff
zusammengesetzte Größen 42
zusammengesetzte Körper 96
zusammengesetzte Schlussrechnung 61
Zweierpotenzen 33
Zwei-Punkte-Form der Geradengleichung . 114
Zylinder 92